建筑工程细部节点做法与施工工艺图解丛书

钢结构工程细部节点做法与施工工艺图解

（第二版）

丛书主编：毛志兵
本书主编：陈振明
组织编写：中国土木工程学会总工程师工作委员会

U0392917

中国建筑工业出版社

图书在版编目（CIP）数据

钢结构工程细部节点做法与施工工艺图解 / 陈振明主编；中国土木工程学会总工程师工作委员会组织编写. 2 版. -- 北京：中国建筑工业出版社，2024. 12.
（建筑工程细部节点做法与施工工艺图解丛书 / 毛志兵主编）. -- ISBN 978-7-112-30068-6

Ⅰ. TU758. 11-64

中国国家版本馆 CIP 数据核字第 2024R5E868 号

本书以通俗、易懂、简单、经济、实用为出发点，从节点图、实体照片、工艺说明三个方面解读工程节点做法。本书分为钢结构深化设计；钢结构制作；钢结构安装；钢结构测量；钢结构焊接；紧固件连接；涂装工程和安全防护共 8 章，提供了约 300 个常用细部节点做法，能够对项目基层管理岗位对工程质量的把控及操作人员的实际操作有所启发和帮助。

本书是一本实用性图书，可以作为监理单位、施工企业、一线管理人员及劳务操作人员的培训教材。

责任编辑：季　帆　张　磊
文字编辑：张建文
责任校对：赵　力

建筑工程细部节点做法与施工工艺图解丛书
钢结构工程细部节点做法与
施工工艺图解
（第二版）
丛书主编：毛志兵
本书主编：陈振明
组织编写：中国土木工程学会总工程师工作委员会
*
中国建筑工业出版社出版、发行（北京海淀三里河路 9 号）
各地新华书店、建筑书店经销
北京鸿文瀚海文化传媒有限公司制版
北京云浩印刷有限责任公司印刷
*
开本：850 毫米×1168 毫米　1/32　印张：10½　字数：289 千字
2024 年 8 月第二版　　2024 年 8 月第一次印刷
定价：**49.00** 元
ISBN 978-7-112-30068-6
（42952）

版权所有　翻印必究
如有内容及印装质量问题，请与本社读者服务中心联系
电话：（010）58337283　QQ：2885381756
（地址：北京海淀三里河路 9 号中国建筑工业出版社 604 室　邮政编码：100037）

丛书编委会

主　编：毛志兵

副主编：朱晓伟　刘　杨　刘明生　刘福建　李景芳
杨健康　吴克辛　张太清　张可文　陈振明
陈硕晖　欧亚明　金　睿　赵秋萍　赵福明
黄克起　颜钢文

本书编委会

主编单位：中建钢构股份有限公司

参编单位：中建钢构设计研究院

中建钢构江苏有限公司

中建钢构武汉有限公司

中建钢构四川有限公司

中建钢构天津有限公司

中建钢构广东有限公司

主　　编：陈振明

副 主 编：刘欢云　夏林印

编写人员：陈选权　周军红　汪晓阳　邓德员　姚　钊

李　毅　石宇颢　李保园　巩少兵　张逊焘

华一豪　周林超　王冬明　张银国　薛　韧

高如国　王　伟　蔡明波　康　宁　郭盛超

高　凡　陈　萌　杨　菠　祁元程　薄广达

钱　焕　邓秀岩　隋晓东　莫仕勇　裘孝聪

杨高阳　孙　朋　刘　云　朱　浩

丛书前言

“建筑工程细部节点做法与施工工艺图解丛书”自2018年出版发行后，受到了业内工程施工一线技术人员的欢迎，截至2023年底，累计销售已近20万册。本丛书对建筑工程高质量发展起到了重要作用。近年来，随着建筑工程新结构、新材料、新工艺、新技术不断涌现以及工业化建造、智能化建造和绿色化建造等理念的传播，施工技术得到了跨越式的发展，新的节点形式和做法进一步提高了工程施工质量和效率。特别是2021年以来，住房和城乡建设部陆续发布并实施了一批有关工程施工的国家标准和政策法规，显示了对工程质量问题的高度重视。

为了促进全行业施工技术的发展及施工操作水平的整体提升，紧随新的技术潮流，中国土木工程学会总工程师工作委员会组织了第一版丛书的主要编写单位以及业界有代表性的相关专家学者，在第一版丛书的基础上编写了“建筑工程细部节点做法与施工工艺图解丛书（第二版）”（简称新版丛书）。新版丛书沿用了第一版丛书的组织形式，每册独立组成编委会，在丛书编委会的统一指导下，根据不同专业分别编写，共11分册。新版丛书结合国家现行标准的修订情况和施工技术的发展，进一步完善第一版丛书细部节点的相关做法。在形式上，结合第一版丛书通俗易懂、经济实用的特点，从节点构造、实体照片、工艺要点等几个方面，解读工程节点做法与施工工艺；在内容上，随着绿色建筑、智能建筑的发展，新标准的出台和修订，部分节点的做法有一定的精进，新版丛书根据新标准的要求和工艺的进步，进一步完善节点的做法，同时补充新节点的施工工艺；在行文结构中，进一步沿用第一版丛书的编写方式，采用“施工方式＋案例”“示意图＋现场图”的形式，使本丛书的编写更加简明扼要、方便查找。

新版丛书作为一本实用性的工具书，按不同专业介绍了工程实践中常用的细部节点做法，可以作为设计单位、监理单位、施工企业、一线管理人员及劳务操作层的培训教材，希望对项目各参建方的实际操作和品质控制有所启发和帮助。

新版丛书虽经过长时间准备、多次研讨与审查修改，但仍难免存在疏漏与不足之处，恳请广大读者提出宝贵意见，以便进一步修改完善。

丛书主编：毛志兵

本书前言

随着科学技术飞速发展，建筑行业日新月异，建筑技术水平不断提高。钢结构因其自重轻、强度高、抗震性能好等优点，在超高层建筑、大跨度建筑、工业厂房、塔桅结构等建筑中被广泛应用。同时，钢结构施工的管理人员和技术人员的队伍日益壮大，广大一线的钢结构施工管理人员和技术人员迫切需要一本通俗易懂、经济适用的专业书籍来提升自己。

为加强企业的基层业务能力建设，提高技术管理水平，进一步提高钢结构工程质量，我们根据多年来的工程实践与施工管理经验组织编写了本书。本书是一本便于携带、知识面广、图文并茂的专业书籍，从节点图、实体照片、工艺说明三个方面阐述了钢结构工程节点做法。

本书基于已建、在建且具有代表性的钢结构项目施工案例，结合国内钢结构施工的最新技术成果和新颁布的现行国家有关标准进行修编，全书内容由钢结构深化设计、钢结构制作、钢结构安装、钢结构测量、钢结构焊接、紧固件连接、涂装工程、安全防护八章组成，基本涵盖钢结构工程关键施工工艺、制造厂和施工现场安全防护做法，能够给予项目基层管理岗位及操作层实体操作岗位很大的启发和帮助。

由于时间仓促，作者水平有限，本书难免有不妥之处，恳请同行和读者批评指正，以便未来不断完善。欢迎来信交流，共同提高，意见或建议可发电子邮件至 hfutsunpeng@163.com。

目　录

第一章　钢结构深化设计

第三章 钢结构安装

第四章 钢结构测量

第五章　钢结构焊接

第六章 紧固件连接

第七章 涂装工程

第八章 安全防护

第一章　钢结构深化设计

第一节 • 结构分段工艺

010101 常规钢柱分段

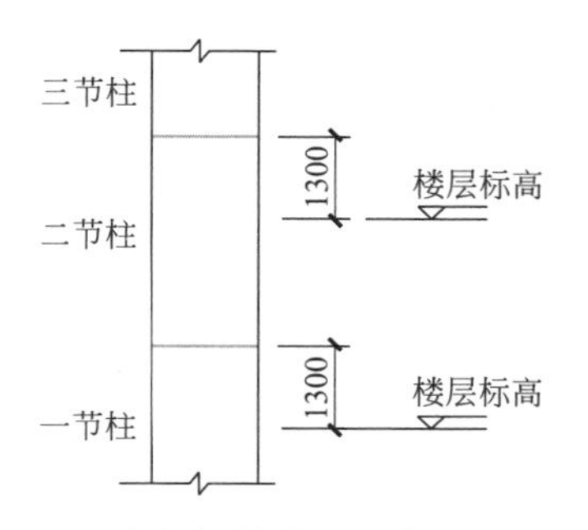

常规钢柱分段示意图

常规钢柱施工现场图

设计说明

钢柱通常根据现场起重设备的起重能力沿钢柱纵向长度分段，分段后的重量不应超过现场和制造厂起重设备的起重能力，分段后的尺寸应控制在构件运输及制作条件限制的范围内。例如构件尺寸需要控制在抛丸设备允许的最大范围内。

钢柱分段位置应有利于现场施工作业，宜避开节点区域，框架柱的工地拼接点宜设置在楼层标高以上1.3m和柱净高的一半二者较小值处。

010102 超厚板钢柱分段

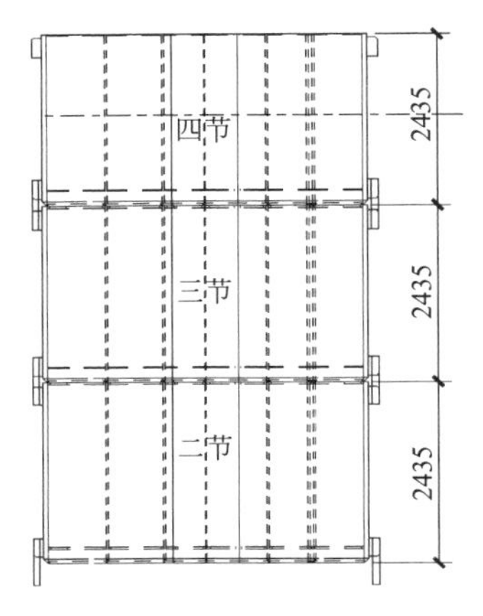

超厚板钢柱分段示意图

超厚板钢柱施工现场图

设计说明

超厚板钢柱分段主要考虑吊重和现场对接位置，现场焊接需搭设临时操作平台。超厚板现场对接焊缝焊接量大，质量要求高，焊接作业需注意防风、防雨雪天气。当冬期施工温度不满足施焊要求时，应在焊前预热钢板。

010103 多腔体日字形及目字形钢柱分段

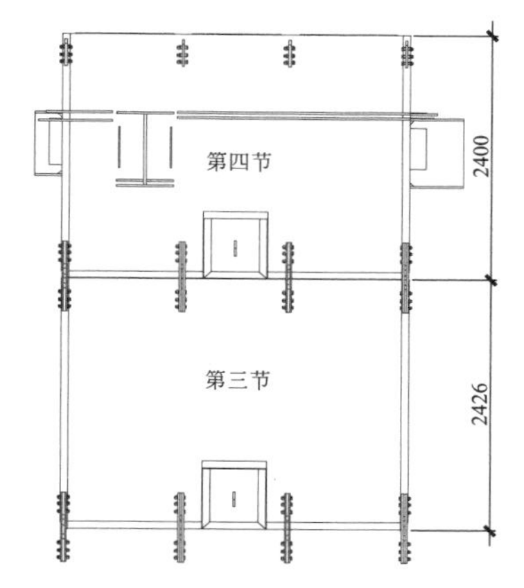

多腔体日字形及目字形钢柱分段示意图

多腔体日字形及目字柱形钢柱施工现场图

设计说明

多腔体日字形及目字形钢柱分段要综合制作、运输、起吊、安装、焊接之间的关系，合理分段分节，使经济效益达到最大。水平方向尽可能不分段，水平方向超宽时可考虑在竖向增加分段，分段长度需满足运输条件；同时要考虑内部壁板的焊接，通常应设置人孔，人孔的设置应合理，避免仰焊。

010104 多腔体多宫格钢柱分段

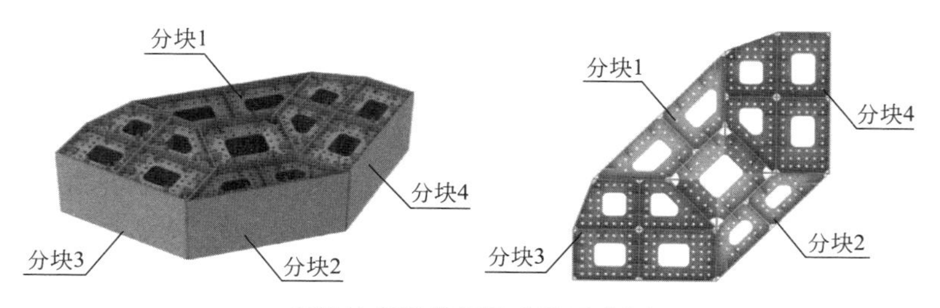

多腔体多宫格钢柱分段示意图

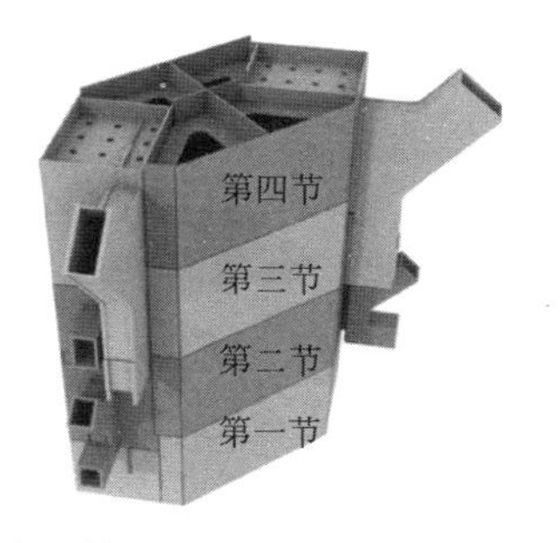

多腔体多宫格钢柱分段模型图

多腔体多宫格钢柱施工现场图

设计说明

分段应体现工厂制作的合理性和经济性，保证单体散件的重量和外形尺寸满足运输条件要求、满足现场吊机要求且便于安装。分段位置保证现场有足够操作拼接焊缝的空间，应避免焊缝集中、焊接收缩变形等问题。竖向分段原则与常规钢柱一致，宜设置在截面内力较小，并有利于现场施工作业、避免仰焊位置处。水平分段主要考虑拆分的部件尽量为稍小的、常规的 H 形、T 形、箱形截面。

010105 钢梁分段

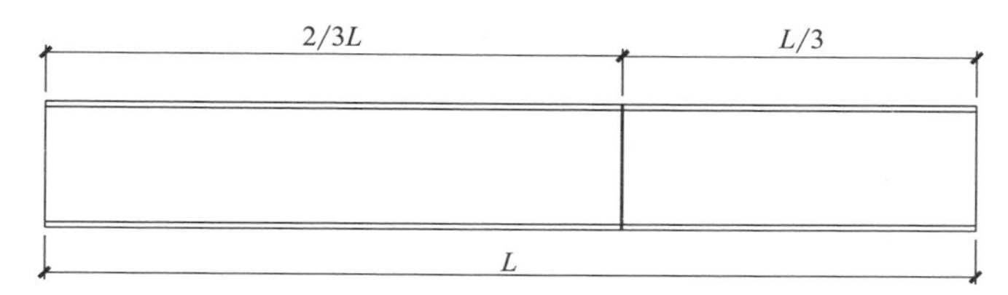

钢梁分段示意图

钢梁施工现场图

设计说明

钢梁分段位置宜在截面内力较小，并有利于现场施工作业处，一般位于跨度的1/3处。分段后的重量不应超过现场和制造厂起重设备的起重能力，分段后的尺寸应控制在构件运输及制作条件限制范围内。例如需进行镀锌处理的构件尺寸应控制在镀锌设备允许的最大范围内。

对于框架梁悬臂分段通常宜避开塑性区，将分段点放在距1/10跨长处或一倍梁高范围之外。

010106 斜撑分段

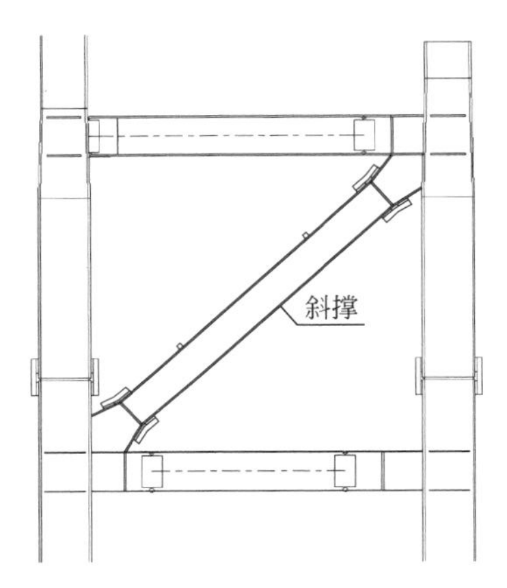

斜撑分段示意图

斜撑分段施工现场图

设计说明

斜撑宜通长分一段处理，宜预留牛腿连接，斜撑吊耳设置应考虑重心位置，现场倾斜起吊，方便安装。斜撑上端与牛腿连接焊接坡口宜设在牛腿侧，避免仰焊，保证焊缝质量。

010107 超高层钢桁架分段

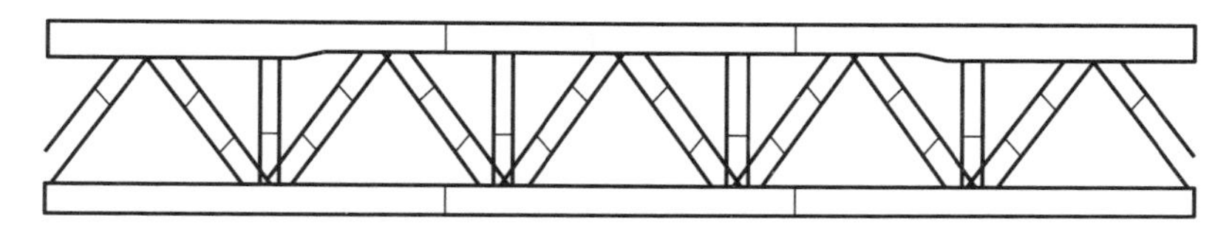

超高层钢桁架分段示意图

超高层钢桁架施工现场图

设计说明

超高层钢桁架分段分为两种，一是整榀分段，钢桁架分段后满足运输条件，且满足现场吊装设备性能要求；二是高空散拼，若钢桁架分段后仍超过运输条件或现场吊装设备性能要求，需将桁架上下弦杆和腹杆作为小拼单元或散件在设计位置进行总拼。分段点宜避开节点区域，且应考虑预留现场焊接操作空间，尽量避免仰焊，坡口开设方向应便于现场施焊。

010108 屋盖钢桁架分段

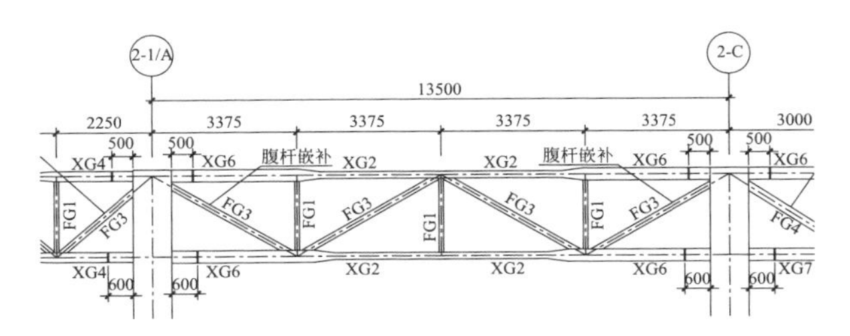

屋盖钢桁架分段示意图

屋盖钢桁架施工现场图

设计说明

屋盖钢桁架的分段，应综合考虑桁架的材料采购、加工制作、运输、工地安装等特点。分段的断开点宜设置在结构受力较小的位置。上下弦杆分段点宜互相错开。分段重量不能超出起重设备的起重能力。分段的外形尺寸应满足运输的要求。每片分段钢桁架都应有足够多的绑扎位置，绑扎位置宜设在刚度大、便于调节索具的节点附近。分段的划分需考虑钢桁架分段间的相互影响。

010109 屋盖网架（壳）分段

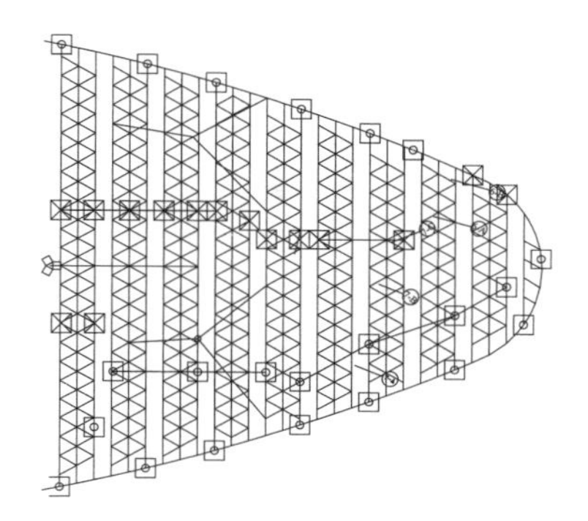

屋盖网架（壳）分段示意图

屋盖网架（壳）施工现场图

设计说明

屋盖网架（壳）分段应根据现场施工方案、场地、设备性能、运输条件等进行吊装单元分片或提升区域划分，划分单元宜对称且分段位置宜选在受力较小的部位。吊点或提升点应设置在节点上，当采用提升方案时，提升设备的支承点宜设置在主体结构上，相邻吊装（提升）区之间杆件嵌补应预留一定长度用于现场误差调节。

010110 钢板剪力墙分段

					标高
					B1（-9.100）
3节	6节	3节	6节	3节	
					B2（-14.100）
	5节		5节		
					B3（-17.600）
2节	4节	2节	4节	2节	
					B4（-21.100）
	3节		3节		
					B5（-24.600）
1节	2节	1节	2节	1节	
					B6（-28.100）
	1节		1节		
					B7（-31.300）

钢板剪力墙分段示意图

钢板剪力墙施工现场图

设计说明

钢板剪力墙宜与钢暗柱、钢暗梁连成一体来增强钢板刚度，另外可根据实际情况增加横竖向肋板提升刚度，现场对接焊缝宜采用横向对接焊，如出现立缝则建议采用螺栓连接，其分段尺寸宜在轧制钢板板幅限制范围内。钢板剪力墙分段后的尺寸、重量不应超过构件运输条件限制和现场起重设备的起重能力。应采用合理的焊接顺序来减少变形。

010111 钢筋桁架板分段

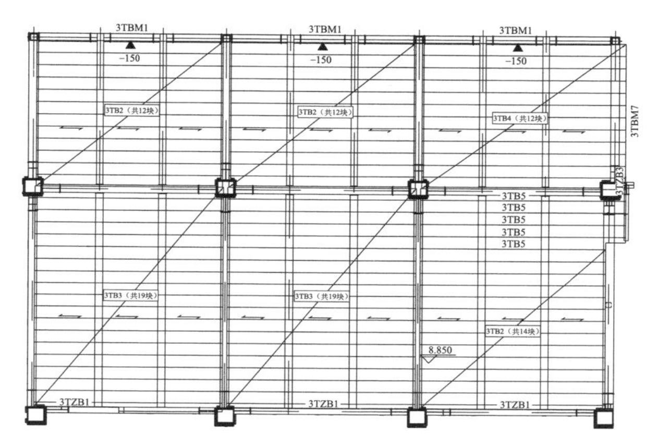

钢筋桁架板分段示意图

钢筋桁架板施工现场图

设计说明

钢筋桁架板分段应结合运输条件及现场起重设备的起重能力在主次梁的位置进行分段，其最大长度宜≤12m，其宽度方向需根据楼承板具体型号确定。

第二节 • 临时措施设计

010201 H 形钢柱施工临时措施

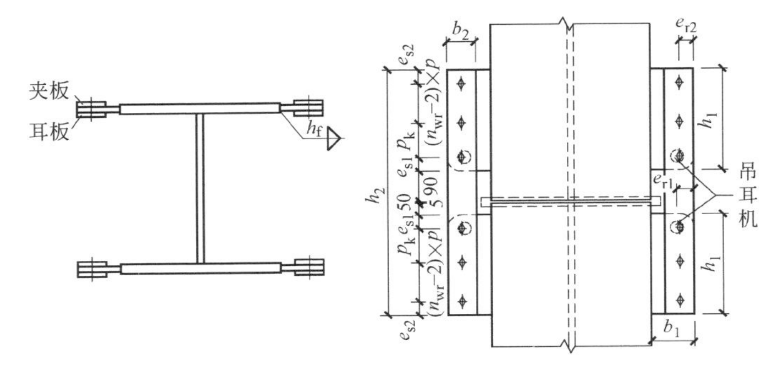

H 形钢柱施工临时措施示意图

H 形钢柱施工临时措施施工现场图

设计说明

H 形钢柱施工现场连接临时措施所用耳板兼作吊装用耳板，当耳板厚度与钢柱翼板厚度差小于角焊缝焊脚高度时，采用熔透焊缝，且耳板厚度不得小于 10mm。所用夹板为双夹板形式，螺栓可采用 C 级普通螺栓。

010202 箱形钢柱施工临时措施

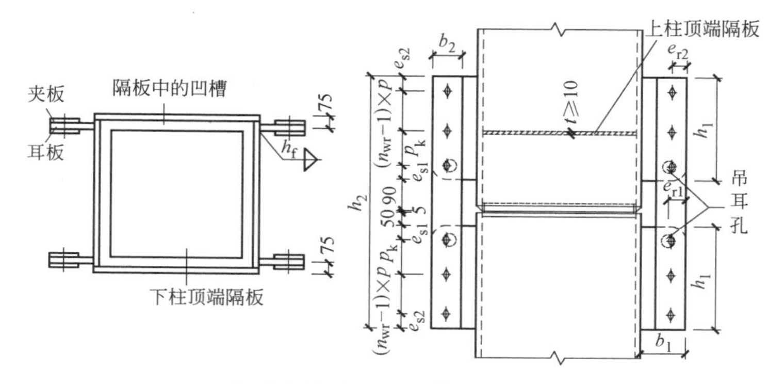

箱形钢柱施工临时措施示意图

箱形钢柱施工临时措施施工现场图

设计说明

箱形钢柱施工现场连接临时措施所用耳板兼作吊装用耳板，耳板设置方向需考虑是否与现场钢柱周围其他施工措施冲突及施工可操作性，同时考虑与钢柱本体焊缝重合问题，尽量与钢柱翼板焊接，避免焊缝重叠问题。当钢柱重量超过15t时，耳板与钢柱焊缝应采用熔透焊缝。

010203 圆管钢柱施工临时措施

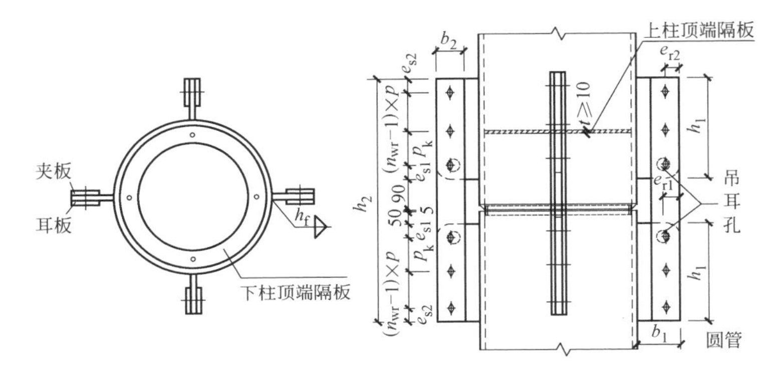

圆管钢柱施工临时措施示意图

圆管钢柱施工临时措施施工现场图

设计说明

圆管钢柱直径≤400mm时可采用三点式临时措施，耳板吊装孔径需大于现场卸扣销轴直径。当钢柱重量超过40t时，其临时连接措施用耳板及夹板需进行专项设计。

010204 十字形钢柱施工临时措施

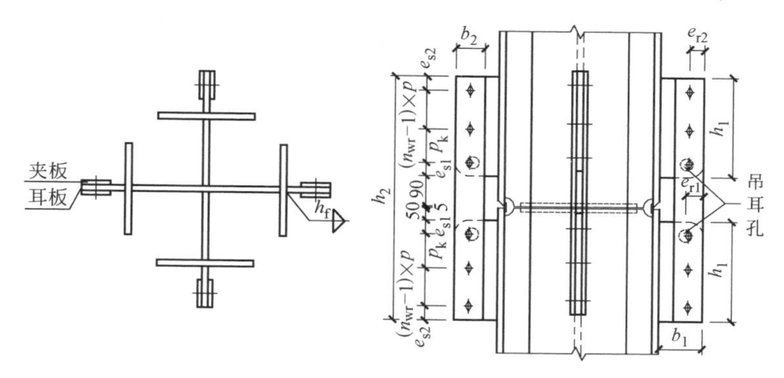

十字形钢柱施工临时措施示意图

十字形钢柱施工临时措施施工现场图

设计说明

十字形钢柱主要为型钢混凝土柱，翼板和腹板一般采用全熔透焊接，钢柱现场连接临时措施所用耳板兼作吊装用耳板，安装后切割掉，所用夹板为双夹板形式，螺栓可采用C级普通螺栓。

010205 H 形钢梁施工临时措施（连接板式）

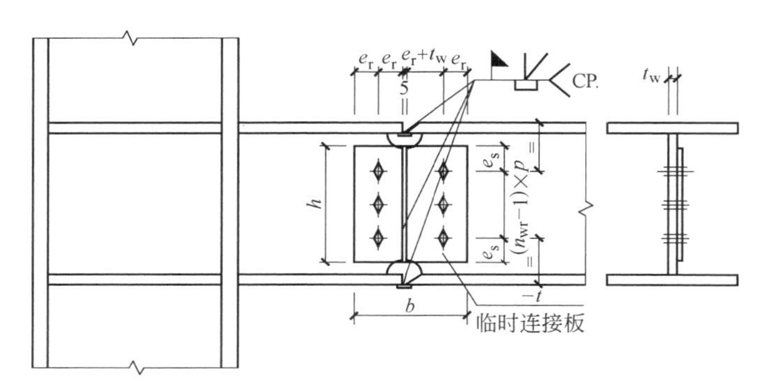

H 形钢梁施工临时措施（连接板式）示意图

H 形钢梁施工临时措施（连接板式）施工现场图

设计说明

临时连接板不仅起到安装定位固定作用，当钢梁腹板焊接时，还起到焊接衬垫板作用。

010206 箱形钢梁施工临时措施（连接板式）

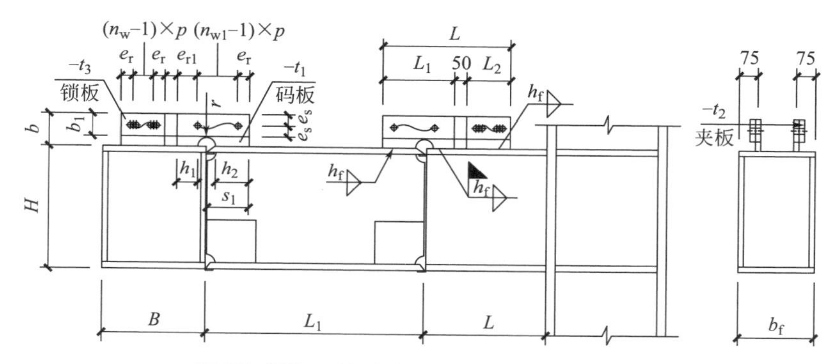

箱形钢梁施工临时措施（连接板式）示意图

箱形钢梁施工临时措施（连接板式）施工现场图

设计说明

当搭接箱形钢梁重量＜2t 且翼板宽度＜250mm 时，宜采用单码板连接板的连接形式。当搭接箱形钢梁重量≥2t 或翼板宽度≥250mm 时，宜采用双码板连接板的连接形式。为避免下翼板焊缝仰焊，宜在钢梁下方开手孔进行焊接。

010207 H 形钢梁施工临时措施（吊装孔）

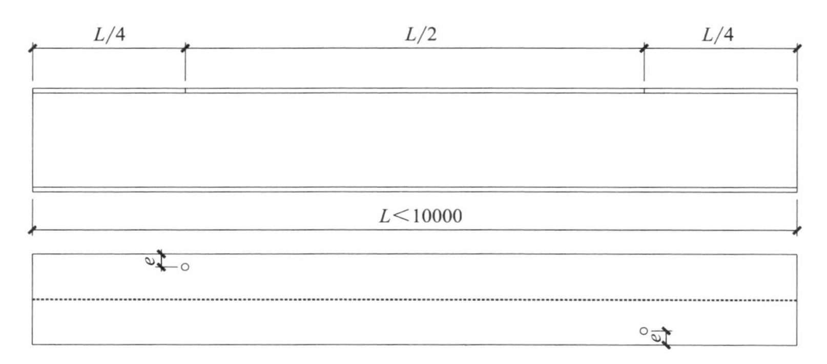

H 形钢梁施工临时措施（吊装孔）示意图

H 形钢梁施工临时措施（吊装孔）施工现场图

设计说明

当钢梁重量<4t 且翼板厚度<38mm、宽度≥125mm时，可将翼板开孔用于吊装，注意吊装孔直径要大于吊装用锁扣直径，采用临时吊装孔免去临时措施切割打磨补漆环节，提高施工效率。

010208 H 形钢梁施工临时措施（吊耳）

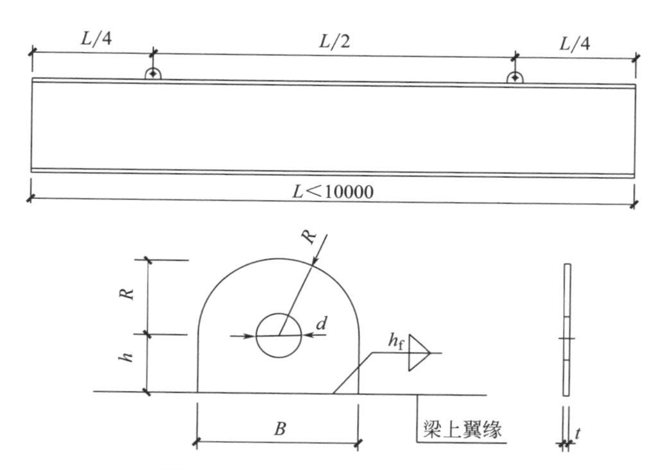

H 形钢梁施工临时措施（吊耳）示意图

H 形钢梁施工临时措施（吊耳）施工现场图

设计说明

钢梁重量≥4t 宜采用吊耳进行吊装，对于较重构件宜采用熔透焊缝。其他截面形式钢梁吊耳设置可参考 H 形钢的设置形式及相应数据。针对 1t 以下的小构件，可以在满足吊装安全的前提下，减小吊耳规格。

010209 人孔、手孔开孔临时措施

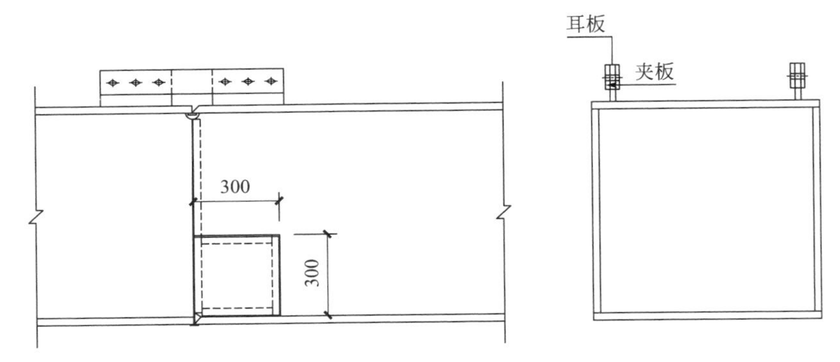

人孔、手孔开孔临时措施示意图

人孔、手孔开孔临时措施施工现场图

设计说明

手孔是为了方便焊接箱形梁下翼板的一种措施，如果钢梁宽度>1000mm需要两侧都开设手孔。该措施的优点是避免下翼板仰焊，保证焊接质量；缺点是腹板开孔后需要补孔，现场焊接工作量增大。

第三节 • 节点设计

010301 外露式柱脚节点

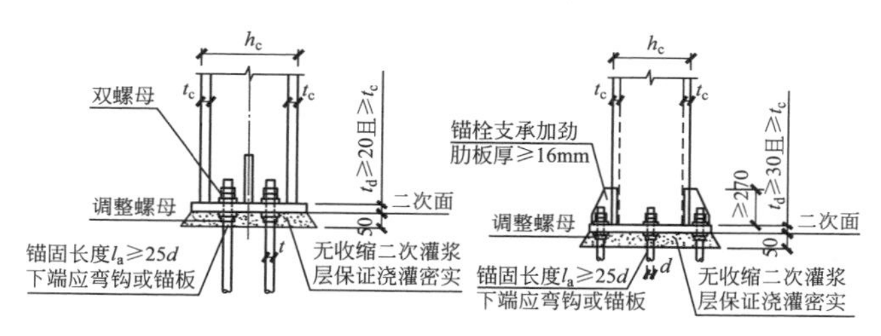

外露式柱脚节点示意图

外露式柱脚节点施工现场图

设计说明

外露式柱脚节点一般用于轻型钢结构房屋和重工业厂房，抗震设防烈度为6、7度且高度不超过50m时可采用，按受力情况分为铰接连接柱脚和刚性固定连接柱脚两种。柱脚底板尺寸由计算和构造要求确定，铰接柱脚底板厚度不宜小于20mm，且不小于柱壁厚；刚接柱脚底板厚度不宜小于30mm，且不小于柱壁厚。柱脚加劲肋应根据柱脚底板的反力由计算确定，其厚度不宜小于12mm。锚栓埋入基础的深度不宜小于25d。为安装方便，柱底板锚栓开孔直径常取d+(5～10) mm，垫板开孔直径为d+2mm，垫板厚度为(0.4～0.5) d，一般不小于20mm。

010302 埋入式柱脚节点

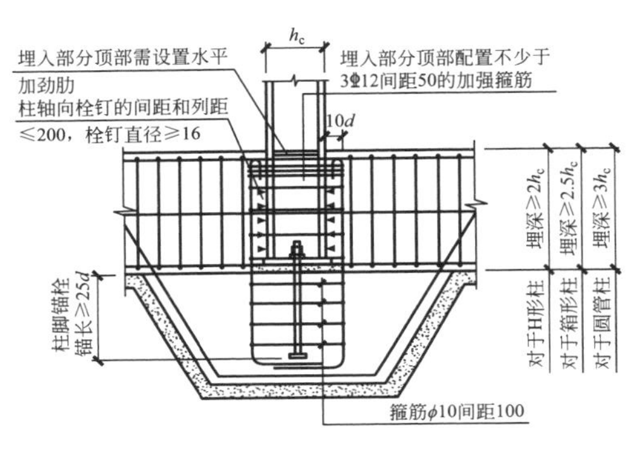

埋入式柱脚节点示意图

埋入式柱脚节点施工现场图

设计说明

埋入式柱脚节点一般用于高层钢结构，在抗震设防地区的多层和高层钢框架柱脚宜采用。

H 形钢柱埋入深度不应小于钢柱截面高度的 2 倍；箱形钢柱埋入深度不应小于钢柱截面高度的 2.5 倍；圆管钢柱埋入深度不应小于钢柱截面高度的 3 倍。型钢混凝土柱的埋入式柱脚，其型钢底板厚度不应小于柱脚型钢翼板厚度，且不宜小于 25mm。锚栓直径 d 不宜小于 16mm，锚固长度不宜小于 $25d$。在混凝土基础顶部，钢柱应设置水平加劲肋或横隔板，加劲肋或横隔板的厚度宜与型钢翼板等厚。柱底板宜开灌浆孔，方便柱内混凝土向下流注。

010303 插入式柱脚节点

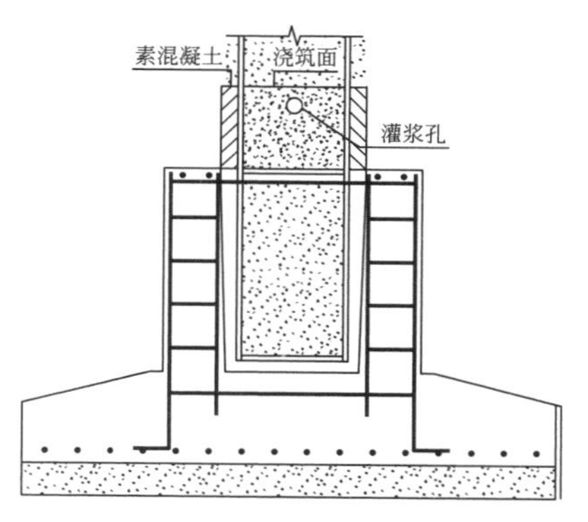

插入式柱脚节点示意图

插入式柱脚节点施工现场图

设计说明

插入式柱脚一般用于单层钢结构工业厂房，不适合高层建筑钢结构。对H形实腹柱或矩形管柱，其最小插入深度为1.5倍截面高度（长边尺寸）或1.5倍圆管柱的外径。H形实腹柱宜设柱底板，矩形管柱应设柱底板，柱底板应设排气孔或浇筑孔。H形实腹柱柱底至基础杯口底的距离不应小于50mm，当有柱底板时，其距离可取150mm。宜采取便于施工时临时调整的技术措施。

010304 预埋件节点

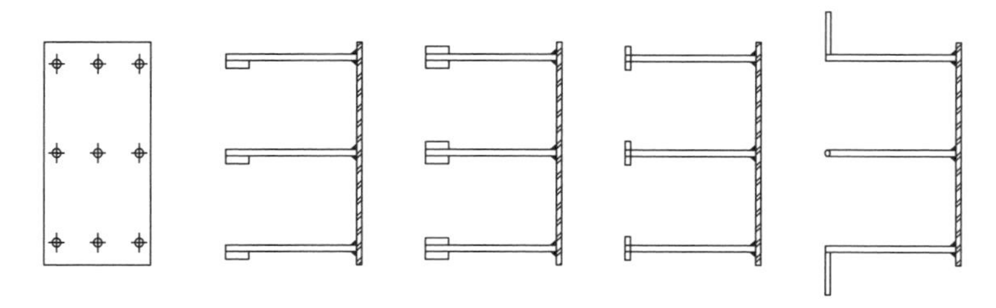

预埋件节点示意图

预埋件节点施工现场图

设计说明

预埋件锚筋中心至锚板边缘的距离不应小于两倍钢筋直径和 20mm。直锚筋与锚板应采用 T 形焊接，当锚筋直径不大于 20mm 时，宜采用压力埋弧焊接；当锚筋直径大于 20mm 时，宜采用穿孔塞焊接。受拉钢筋锚固长度应满足相关规范要求，当无法满足锚固长度的要求，纵向受拉普通钢筋末端可采取弯钩或机械锚固措施，包括弯钩或锚固端头在内的锚固长度（投影长度）可取为基本锚固长度的 60%。

010305 梁与梁铰接节点

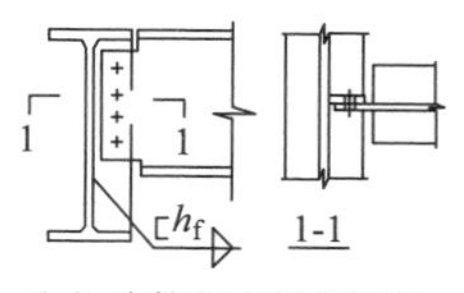

（a）直接与主梁加劲板单面相连（一）

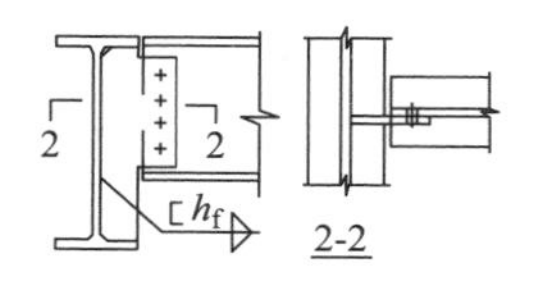

（b）直接与主梁加劲板单面相连（二）

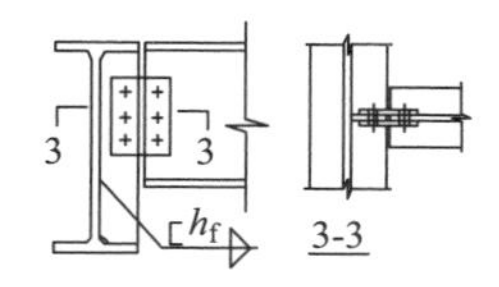

（c）用连接板与主梁加劲板双面相连

梁与梁铰接节点示意图

梁与梁铰接节点施工现场图

设计说明

国内钢结构工程中常用的主次梁铰接节点有三种类型，第一种类型是次梁的腹板伸入到主梁内与连接板（单板）连接，优点是次梁伸入主梁内部后，可使主梁的偏心距离减小，从而降低主梁的附加扭矩，缺点是施工安装不便；第二种类型是将主梁上的连接板（单板）外伸，次梁吊装后直接与外伸板连接，优点是构件加工及现场安装简单方便，缺点是次梁会使主梁受扭，且连接板运输时外伸部分容易碰撞变形；第三种类型是第一种类型的进一步改进，连接板由单板变为双板，优点是现场施工和工厂加工较简单，缺点是工程造价会稍微提高，且连接板重量过重时，安装存在安全风险。

010306 梁与梁刚接节点

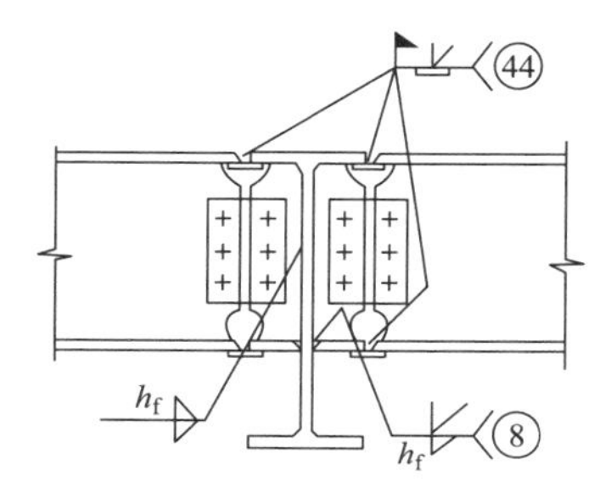

（a）次梁与主梁刚接连接（一）

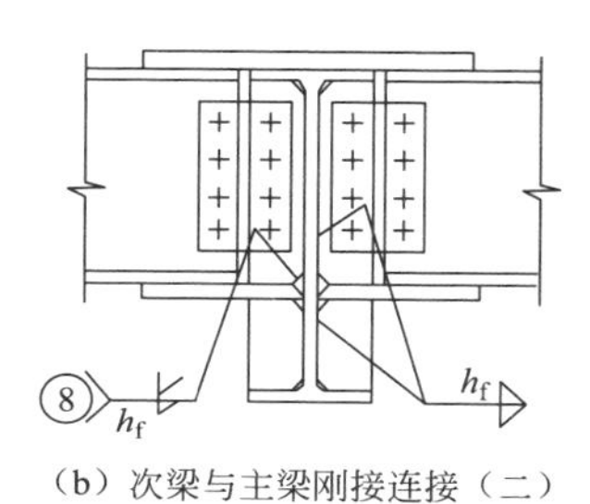

（b）次梁与主梁刚接连接（二）

梁与梁刚接节点示意图

梁与梁刚接节点施工现场图

设计说明

国内钢结构工程中常用的主次梁刚接节点有两种类型，第一种类型是主次梁翼板直接剖口焊接相连，优点是制作简单，安装方便；缺点是现场焊接量大，且焊缝强度等级无法保证；第二种类型是在翼板上下均加盖盖板，优点是避免了翼板的坡口焊接，极大地减少了现场焊接工程量；缺点是盖板的厚度大于梁顶标高，有时会影响结构的使用。

010307 梁与柱刚接节点

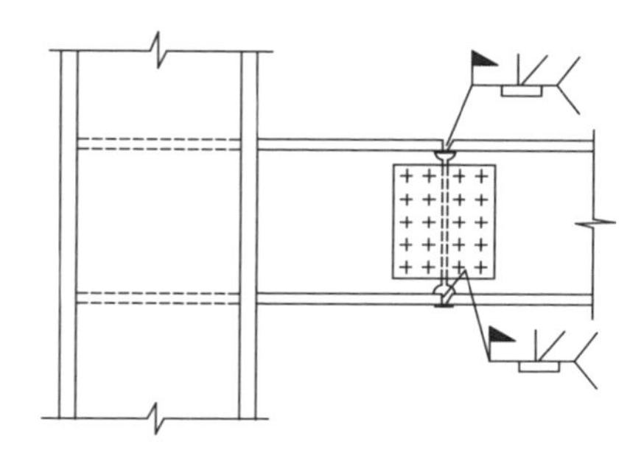

梁与柱刚接节点示意图

梁与柱刚接节点施工现场图

设计说明

梁与柱刚接节点通常采用翼板焊接、腹板螺栓连接的栓焊连接节点形式或翼板、腹板全焊接的连接节点形式。梁与柱刚接节点应能承受节点处的弯矩、剪力和轴力。梁翼板与柱翼板间应采用全熔透焊缝；梁腹板（连接板）与柱的连接焊缝，当板厚小于16mm时，可采用双面角焊缝；当板厚不小于16mm时，可采用K形坡口焊缝；当有抗震设防要求时，按有关规范设计。节点承载力应大于杆件承载力。

010308 梁与柱牛腿连接节点

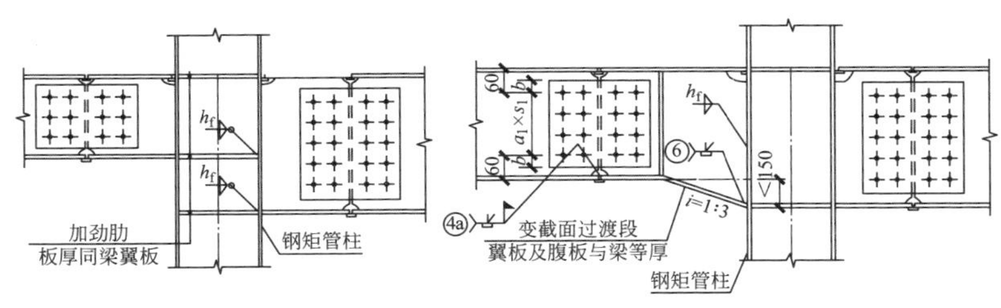

不等高梁与柱的连接构造（一）
（用于柱两侧钢梁不等高，且H_1-H_2≥150时）

不等高梁与柱的连接构造（二）
（用于柱两侧钢梁不等高，且H_1-H_2＜150时）

梁与柱牛腿连接节点示意图

梁与柱牛腿连接节点施工现场图

设计说明

梁与柱通过牛腿连接，柱内对应梁翼板需要设置加劲板或内隔板，梁底高差小于150mm时，应按照1：3做变截面节点。优点：梁安装时便于梁定位和临时固定，现场焊接时操作空间较大；缺点：与梁柱直接连接相比，工厂加工构件相对复杂，运输时构件摆放不便。

010309 支撑斜杆在框架节点处的连接节点

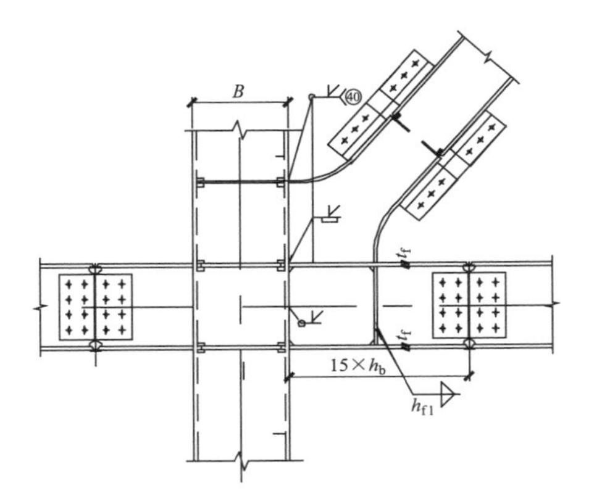

支撑斜杆在框架节点处的连接节点示意图

支撑斜杆在框架节点处的连接节点施工现场图

设计说明

支撑斜杆在框架节点处的连接通常为刚接，宜用全焊接形式，支撑斜杆和框架对接位置应采用全熔透焊接，支撑端头宜采用弧弯扩大构造，框架柱、框架梁对应支撑位置应设置加劲肋或内隔板，隔板厚度不应小于对应的支撑翼板厚度，隔板应采用全熔透焊接。

010310 人字形支撑与框架横梁的连接节点

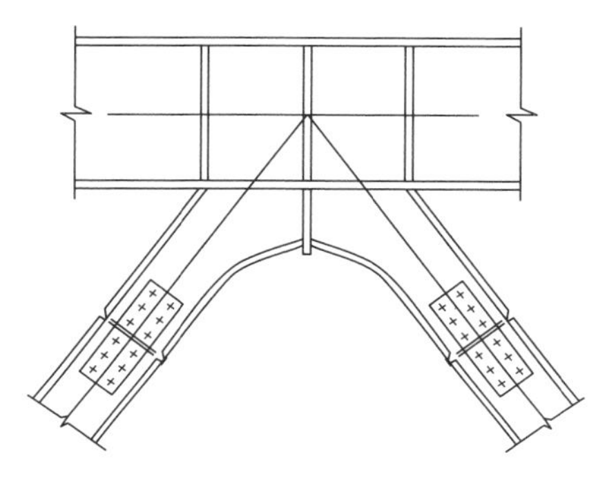

人字形支撑与框架横梁的连接节点示意图

人字形支撑与框架横梁的连接节点施工现场图

设计说明

抗震等级较低和房屋高度较低的钢结构房屋，可采用人字形支撑。人字形支撑能提供较大的抗侧刚度和强度以抵抗水平地震作用和风荷载，可以提高结构的稳定性和安全性，同时具有建筑布置灵活和经济性较好等优点；缺点是在地震作用下，塑性性能较差，抗震设防设计时，支撑与横梁的连接节点处应设置侧向支撑，在地震区应用时应当慎重。

010311 十字形交叉支撑连接节点

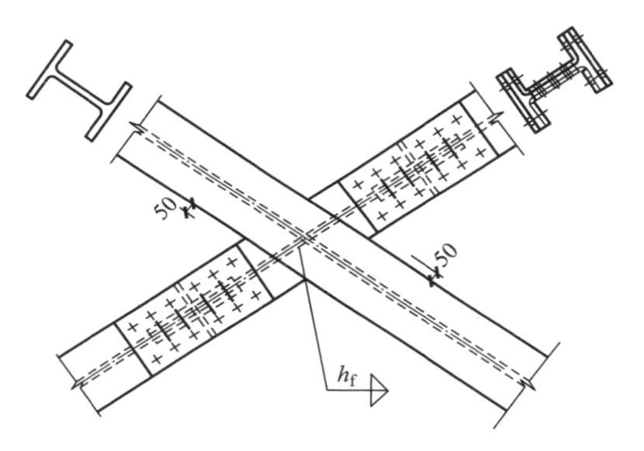

十字形交叉支撑连接节点示意图

十字形交叉支撑连接节点施工现场图

设计说明

十字形交叉支撑连接节点多用于海外项目。该节点的连接方式是H形钢十字形交叉支撑通过断开其中一个杆件，再通过牛腿、翼腹板采用双夹板高强度螺栓连接实现。该连接方式能保证建筑结构整体稳定、提高侧向刚度和传递纵向水平力。

010312 钢筋连接节点构造——搭筋板连接

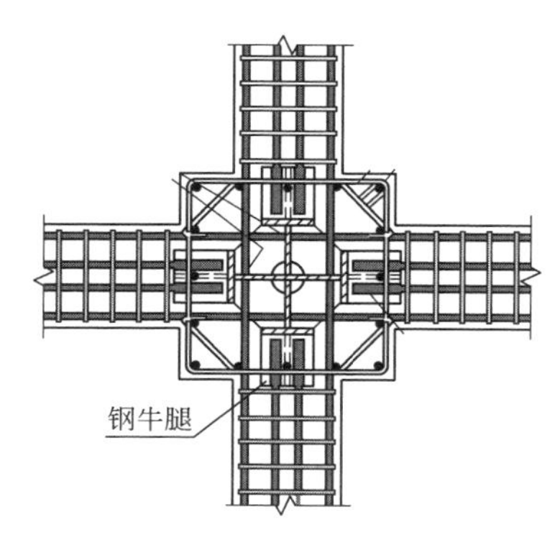

钢筋连接节点构造——搭筋板连接示意图

钢筋连接节点构造——搭筋板连接施工现场图

设计说明

该连接方式是通过在混凝土梁上下主筋对应钢柱的位置设置搭筋板，将钢筋焊在该搭筋板上实现。该连接方式的优点是能较好地减少钢筋偏差的影响，有效连接率高；缺点是由于钢板的外伸，迫使箍筋使用开口箍的形式，箍筋绑扎时间延长，钢筋现场焊接量大。

010313 钢筋连接节点构造——穿孔连接

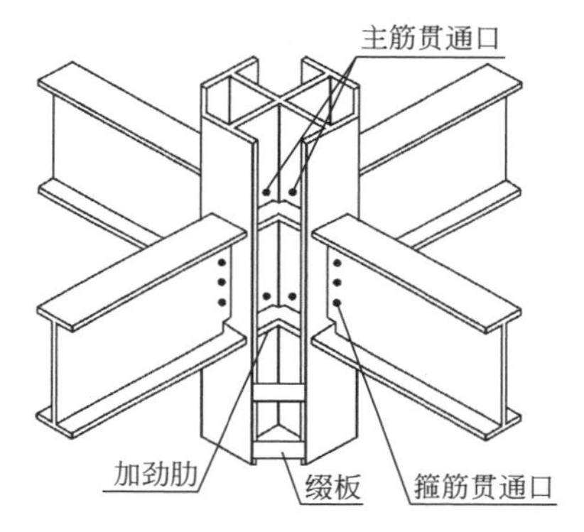

钢筋连接节点构造——穿孔连接示意图

钢筋连接节点构造——穿孔连接施工现场图

设计说明

该连接方式是在混凝土梁上下主筋对应的钢柱，在柱身上开孔，使钢筋贯穿钢柱截面。这种连接方式的优点是主筋不用断开，制作时组拼零件较少，有利于结构安全；缺点是钢构件开孔较多，对钢柱定位精度和现场钢筋的绑扎精度要求较高，受施工误差的影响经常会现场扩孔修改，降低钢构件承载力。

010314 钢筋连接节点构造——钢筋套筒连接

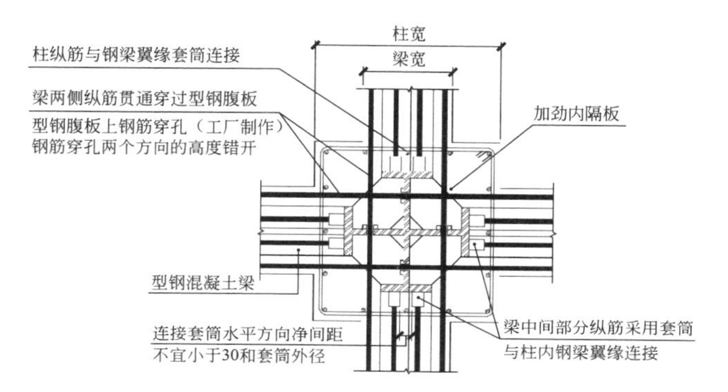

钢筋连接节点构造——钢筋套筒连接示意图

钢筋连接节点构造——钢筋套筒连接施工现场图

设计说明

该连接方式是在混凝土梁上下主筋对应钢柱的位置设置钢筋接驳器，用于钢筋与钢柱连接。这种连接方式的优点是安全可靠、方便快速且便于检测，不占用柱纵筋及箍筋位置，能够很好地解决混凝土梁采用双排筋或三排筋时钢筋与钢柱的连接问题；缺点是成本较高且易受钢筋施工偏差的影响，有效连接率较低，容易变形，内丝扣易受焊接飞溅物粘连影响，导致现场钢筋无法拧入钢筋接驳器。

010315 钢梁腹板开孔补强——圆孔

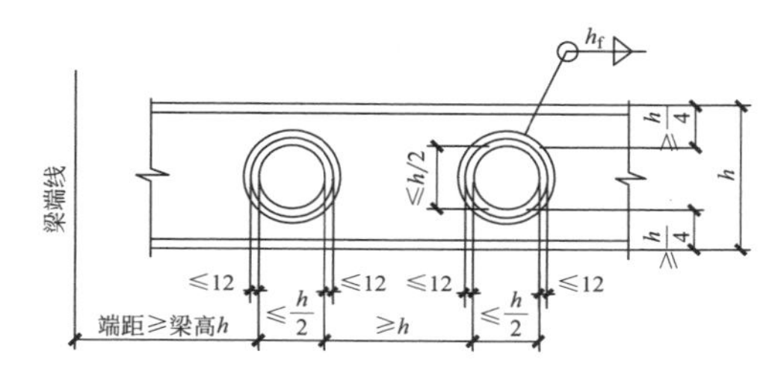

钢梁腹板开孔补强——圆孔（环形加劲肋）示意图

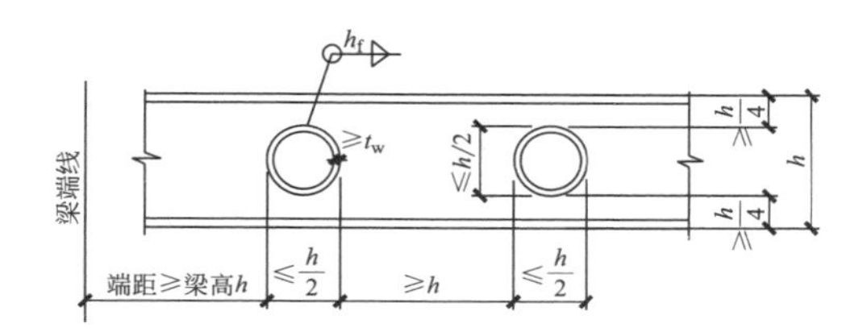

钢梁腹板开孔补强——圆孔（套管）示意图

钢梁腹板开孔补强——圆孔施工现场图

设计说明

开孔位置宜设置在沿梁长方向弯矩较小处，孔端距、间距需满足要求。使用环形加劲肋补强时，若其厚度≥20mm，宜采用部分熔透焊缝。使用套管补强时，需结合运输条件确定套管长度，并考虑模板安装，套管长度宜采用负公差制作。

010316 钢梁腹板开孔补强——方孔

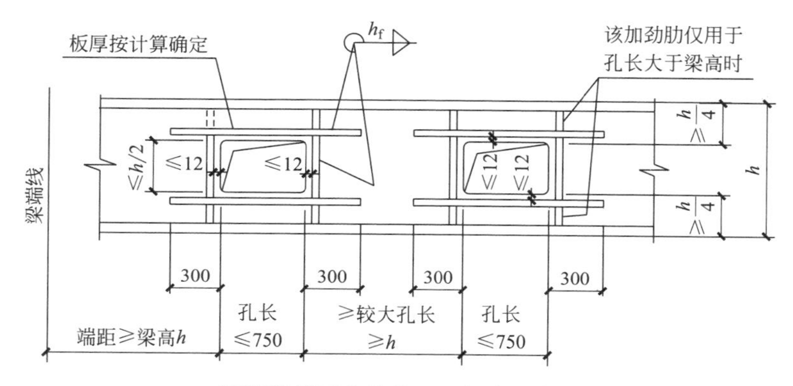

钢梁腹板开孔补强——方孔示意图

钢梁腹板开孔补强——方孔施工现场图

设计说明

开孔位置宜设置在沿梁长方向的弯矩较小处，孔端距、间距等需满足要求。补强板厚度不小于20mm时，宜采用部分熔透焊缝。上部和下部竖向加劲肋需根据孔长与梁高的相对关系确定是否设置。

010317 圆管相贯节点

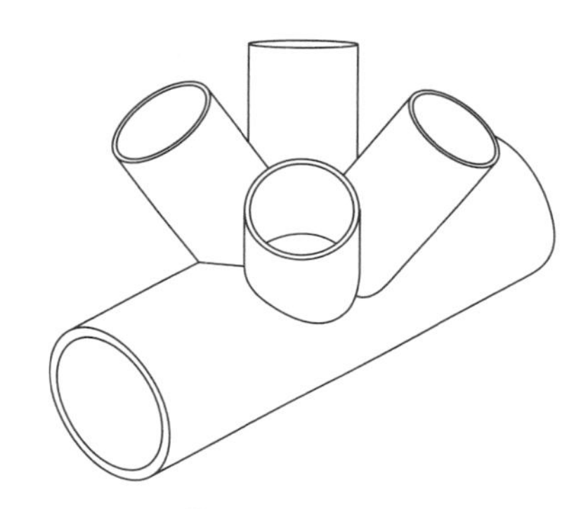

圆管相贯节点示意图

圆管相贯节点施工现场图

设计说明

当支管受力较大且节点受力情况较复杂时，宜采用相贯节点。圆管相贯节点的优点是重量轻、承载能力强、施工简便等，可以满足不同场合的连接需求；缺点是需要考虑相贯及安装顺序、安装精度要求高、焊接质量较难保证等。

010318 管桁架局部加强节点

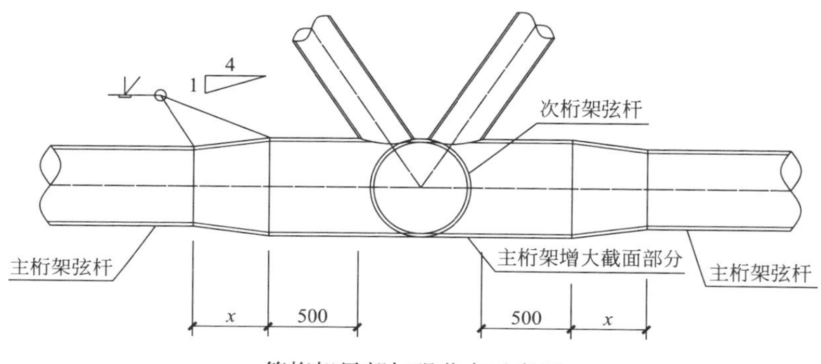

管桁架局部加强节点示意图

管桁架局部加强节点施工现场图

设计说明

次桁架杆件截面大于主桁架杆件截面时，应局部增大主管管径，增大后截面面积不应小于次管截面面积，主管增大部分端部距节点处最外边相贯线不应小于500mm，变径锥管管壁坡度宜为1：4。

010319 焊接球节点

焊接球节点示意图

焊接球节点施工现场图

设计说明

焊接球节点是由两个热冲压钢半球焊接而成的，通常用于网架和双层网壳等空间结构的杆件连接。这种连接方式的优点是结构坚固、承重能力强、能够承受较高的荷载；缺点是成本高、施工周期长、现场拼装量及焊接量大、安装精度要求高、焊接质量不易控制。

010320 螺栓球节点

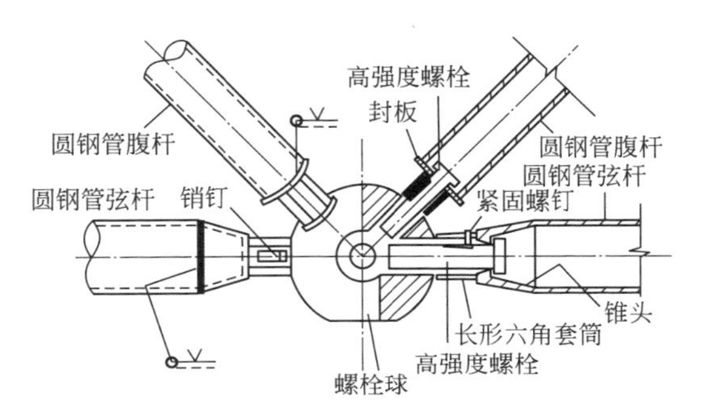

螺栓球节点示意图

螺栓球节点施工现场图

设计说明

螺栓球节点由高强度螺栓、钢球、螺钉（或销子）、套筒和锥头（或封板）等零件组成。这种连接方式的优点是能够较好地解决空间结构中杆件汇交密集的连接问题，具有适应性强、不产生附加的节点偏心、能避免大量的现场焊接工作以及安装方便快捷等优点；缺点是杆件的角度不好时螺栓球体积很大、现场安装难度大、配件加工精度高等。

第二章　钢结构制作

第一节 ● 原材料及成品进场

020101 钢材标识

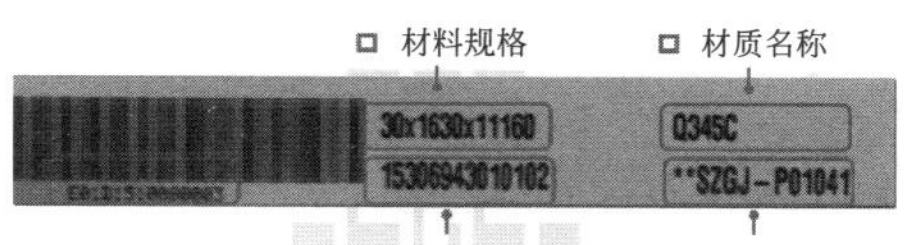

- E：华东大区
- 01：板材
- D：单一入库
- 151008：入库日期
- 0003：入库序号
- 钢板号/炉批号
- SZGJ：苏州国金
- P：板材
- 01041：代码号

钢材标识示意图

钢材标识现场图

原材料标识颜色表

序号	标准体系	颜色
1	国标建钢	黑色
2	国标桥梁	蓝色
3	美标	黄色
4	欧标	绿色
5	澳标	白色

工艺说明

钢材标识内容包含项目编号、钢材代码、规格、尺寸、炉批号和材质等，并粘贴条形码标签，便于材料追溯。钢材标识标在侧面或者其他易于检查的位置，并根据项目所执行的标准体系采用不同颜色进行区分标识。

020102 原材料验收、取样

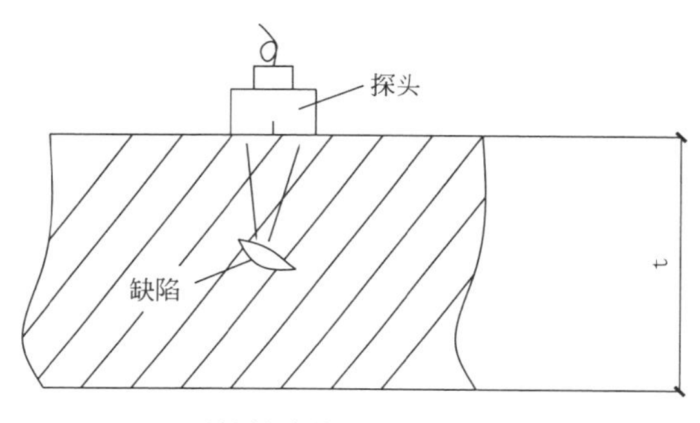

原材料验收、取样示意图

原材料验收、取样施工现场图

工艺说明

钢材材质、规格、尺寸、数量与送货单核对后进行验收。焊材、栓钉、油漆等进厂后应对材质书、材质、规格、外观等进行验收并填写验收记录。各类进厂材料应严格按照国家标准《钢结构工程施工质量验收标准》GB 50205—2020进行取样、验收。

020103 原材料检测

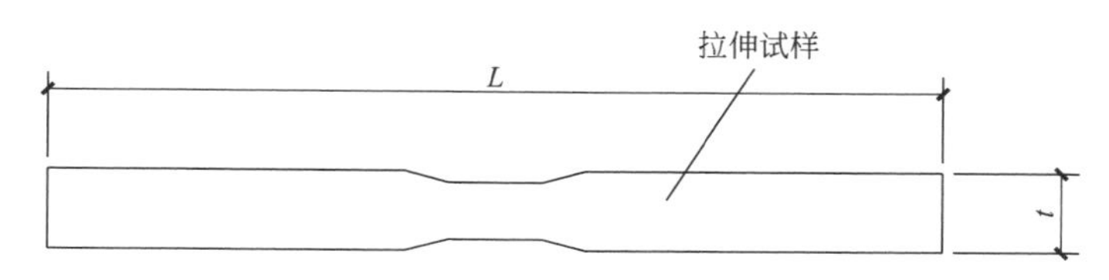

原材料检测示意图

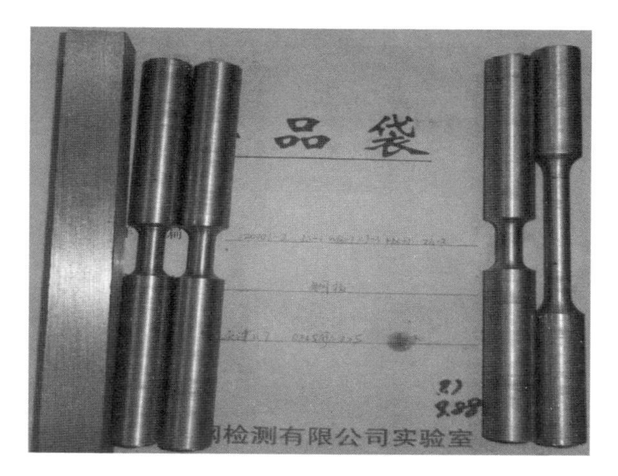

原材料检测实物图

工艺说明

钢材、辅材进场后联系监理方见证取样，取样后按照规范加工成标准样品，进行相应材料检测工作，检测批次应符合国家标准《钢结构工程施工质量验收标准》GB 50205—2020 要求。材料应满足相应产品规范要求。

020104 钢材堆放

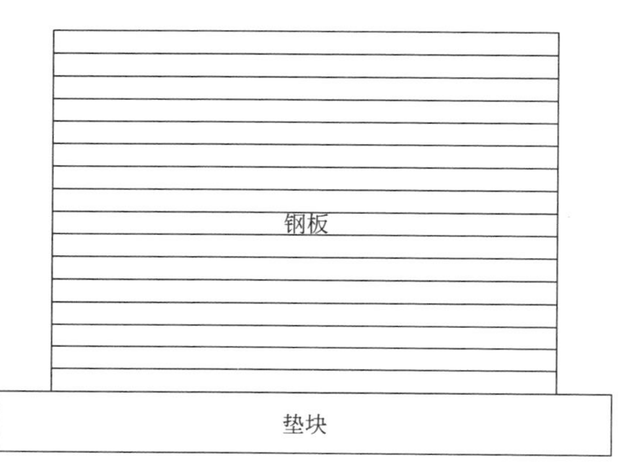

钢材堆放示意图

钢材堆放施工现场图

工艺说明

钢材需按照不同项目分别堆放，并在醒目位置处放置项目标识；同规格钢材优先码放在同一堆垛，不同规格钢材需叠放时，宜考虑钢材使用先后顺序，便于发料。

020105 材料倒运

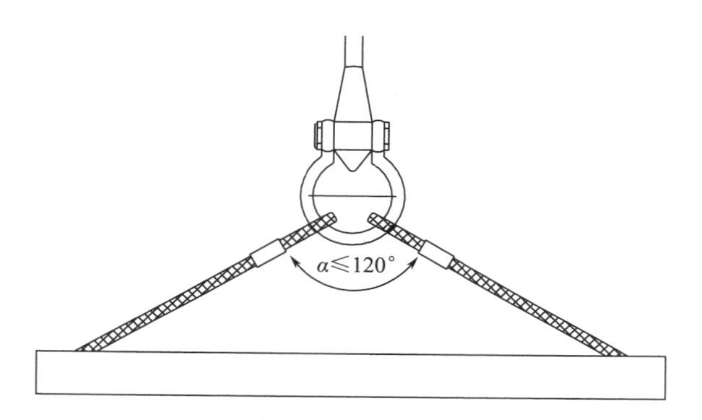

材料倒运示意图

材料倒运施工现场图

工艺说明

根据领料单内容找到对应材料堆放位置，并清点材料，包括材料的材质、规格和数量等；结合材料规格、重量，选择合适的起重设备及运输工具。吊运时优先使用磁性吊具，减少板材变形。材料堆放时不得过高、过密，要牢固可靠，并做好防倒、防滑、防滚工作。

020106 钢材预处理

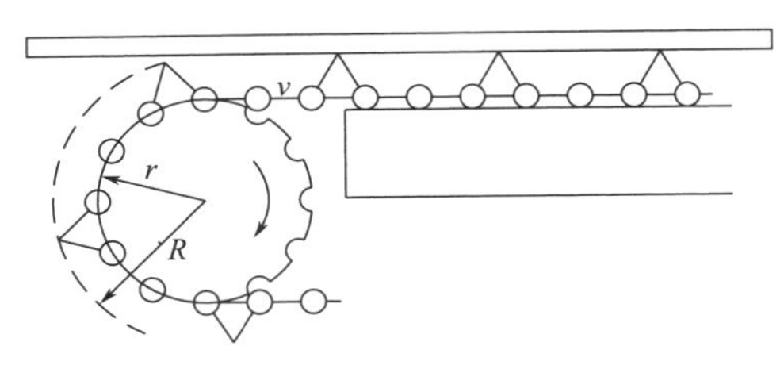

钢材预处理示意图

钢材预处理施工现场图

工艺说明

预处理前检查钢材的炉批号、材质、规格，并做好记录。预处理采用的金属磨料（钢丸、钢丝切丸）直径为0.8～1.2mm，钢丸、钢丝切丸的配比为8.5：1.5，抛丸清理速度为2～2.5m/min。表面需要达到SSPC SP-10或SIS Sa2.5的标准，SIS Sa2.5级是工业上普遍使用的并可以作为验收技术要求及标准的级别。SIS Sa2.5级处理的技术标准：工件表面应不可见油腻、污垢、氧化皮、锈皮、油漆、氧化物、腐蚀物和其他外来物质（疵点除外），疵点面积限定为不超过表面面积的5%，可包括轻微暗影、少量因疵点、锈蚀引起的轻微脱色、氧化皮及油漆疵点。表面粗糙度为40～75μm。车间底漆的干膜厚度为15μm。

第二节 • 零件及部件加工

020201 放样工艺

母材厚度	标记	基本符号	坡口形状示意图	尺寸			
				角度α、β	间隙b	钝边p	坡口深度h
$3\leqslant t\leqslant 10$	GC-BI-2			—	2^{+1}_{-1}	—	t
$10<t<30$	GC-BV-2			$40^{\circ}{}^{+5^{\circ}}_{0}$	1^{+1}_{-1}	2^{+1}_{-1}	$t-p$
$30\leqslant t<50$	GC-BX-2		正 / 反	$\alpha=40^{\circ}{}^{+5^{\circ}}_{0}$ $\beta=45^{\circ}{}^{+5^{\circ}}_{0}$	2^{+1}_{-1}	1^{+1}_{-1}	$\frac{2}{3}(t-p)$
$t\geqslant 50$					3^{+1}_{-1}	1^{+1}_{-1}	$\frac{4}{7}(t-p)$

坡口大样工艺示意图

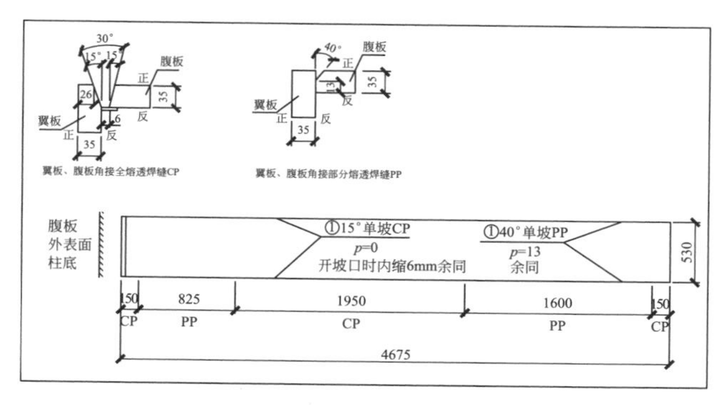

箱形构件放样工艺示意图

工艺说明

根据深化图纸、清单、零件图等，将三维立体构件 1∶1 拆分为二维平面零件，并将零件号、规格、材质、数量一一对应；同时根据加工工序、装焊流程，准确表达零件的细部尺寸及坡口形式。

020202 排版工艺

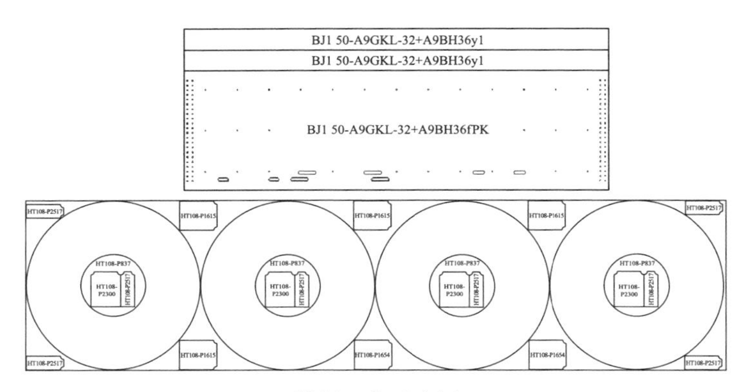

排版工艺示意图

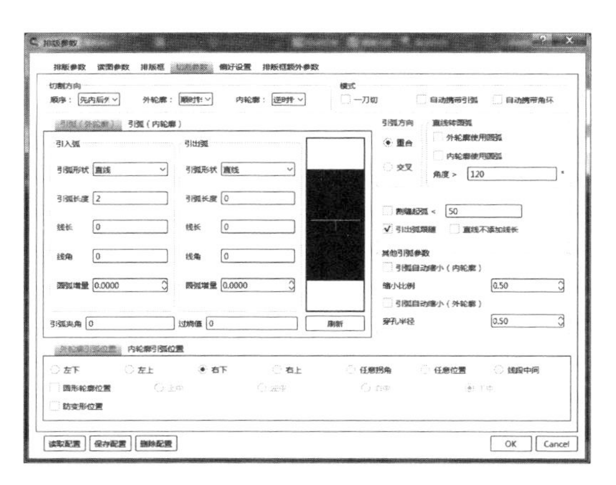

排版工艺参数

工艺说明

根据材料计划选取合适的钢板，大件排版要注意宽度相同的零件在一条直线上，对接长度须满足规范要求；小件排版要注意切割顺序是否合理，零件是否可以双枪或者共边切割，根据机型选择 NC 代码，如激光、火焰、等离子等。

020203 剪板机切割工艺

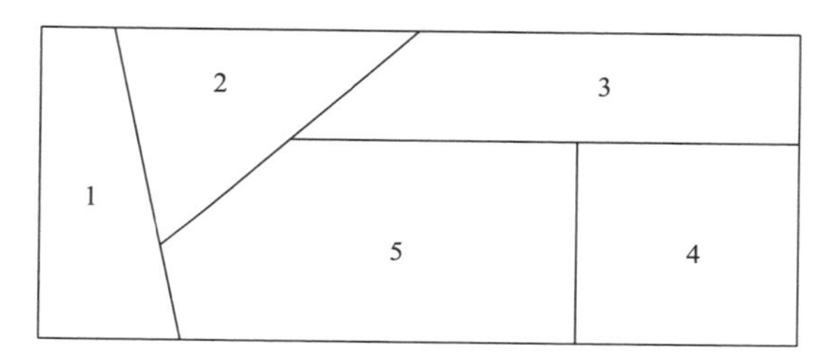

剪板机直线切割顺序示意图

剪板机切割现场图

工艺说明

正式切割前，应先用废料试切，用量具检验，若有偏差应予以调整直至合格后，方可批量切割。窄条零件切割后易产生扭曲变形，切割后需矫平矫直。切割边缘的飞边、毛刺等应清理干净，切口应平整，断口处不得有裂纹。

020204 火焰切割工艺

ND023-Q4-1GKZ-9+H14F
ND023-Q3-1GKZ-5+H129F
ND023-Q4-1GKZ-2+H67F
ND023-Q3-1GKZ-1+H132F
ND017-Q1-1GKZ-8+H15F
ND017-Q1-1GKZ-5+H129F

火焰切割零件排版示意图

火焰切割现场图

工艺说明

零件切割应根据切割件厚度确定合理的割嘴型号。切割后零件尺寸偏差应满足规范要求，切割面应无裂纹、夹渣、分层和大于1mm的缺棱。检查合格后对零件进行标识，标识内容包括：工程名称、构件编号、零件编号、规格、材质。

020205 数控切割工艺

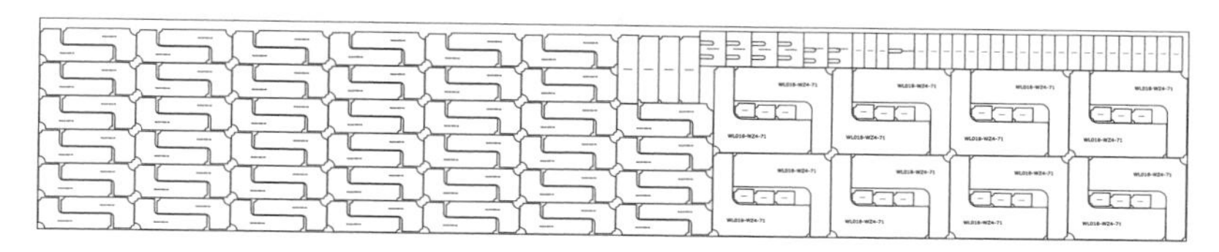

数控切割排版示意图

数控切割现场图

工艺说明

严格按照材料领用单领料，及时检查钢板材质、规格是否符合要求，并移植钢板炉批号至相应零件上。首件必须进行检验，检查偏差是否在允许范围之内，按照排版图进行零件编号标识。切割完成后，应及时清除飞溅物、氧化铁、氧化皮，打磨干净后进行下一工序。

020206 激光切割工艺

HS024-D1-BP91 HS024-D1-BP190 HS024-D1-BP184 HS024-D1-BP189 HS024-D1-BP189 HS026-D1-BP91 HS026-D1-BP184
HS024-D1-BP91 HS024-D1-BP94 HS024-D1-BP184 HS024-D1-BP189 HS024-D1-BP189 HS024-D1-BP184 HS026-D1-BP189
HS024-D1-BP91 HS024-D1-BP94 HS024-D1-BP184 HS024-D1-BP189 HS024-D1-BP189 HS024-D1-BP184 HS026-D1-BP189

激光切割排版示意图

激光切割现场图

工艺说明

严格按照材料领用单领料，及时检查钢板材质、厚度、尺寸是否符合要求。切割前核实切割补偿是否准确，首件必须进行检验，检查孔径、尺寸偏差是否在允许范围之内，切割时实时监控切割状态，防止撞枪等突发情况的发生。

020207 机器人坡口切割工艺

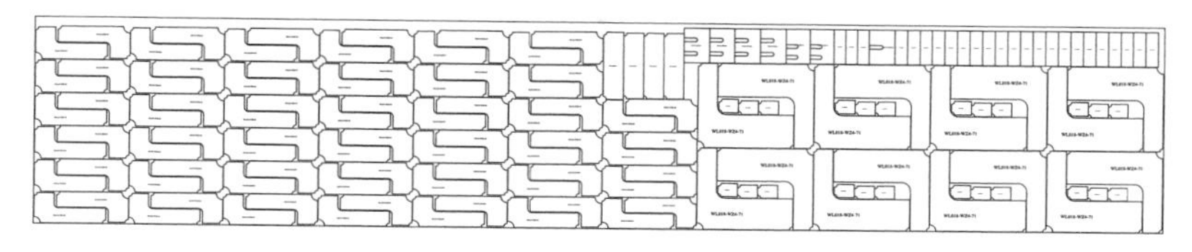

机器人坡口切割排版示意图

机器人坡口切割现场图

机器人坡口切割零件实物图

工艺说明

严格按照材料领用单领料，及时检查钢板材质、规格是否符合要求，根据工艺文件进行坡口编程。首件必须进行检验，检查偏差是否在允许范围之内。切割完成后，应及时清除飞溅物、氧化铁、氧化皮，打磨干净后进行下一工序。

020208 型钢切割工艺

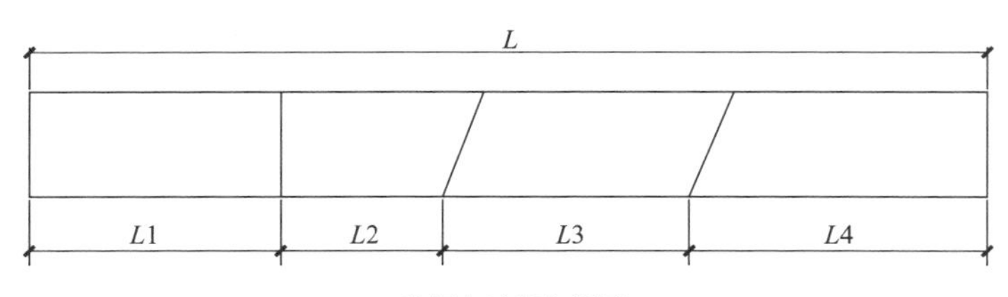

型钢切割示意图

型钢切割现场图

工艺说明

根据加工要求和带锯参数选择合适的锯条和正确的锯切条件（锯齿间距、锯条线速度和切割进给量）。首件锯切完后应进行检验，检验合格后方能继续进行型钢切割。

020209 钢板对接工艺

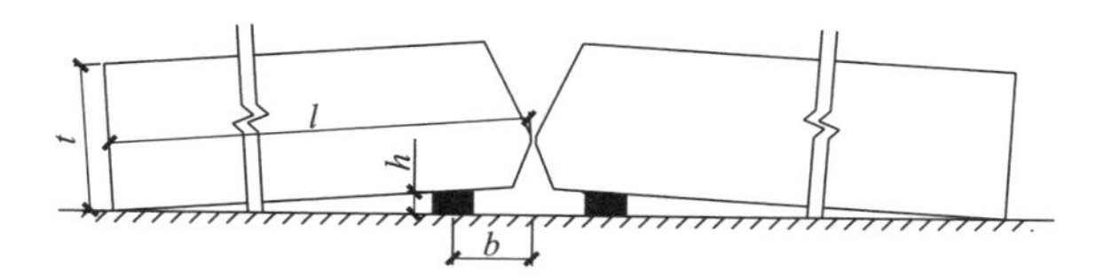

钢板对接焊前设置反变形示意图

板厚（mm）	最小对接板长l（m）	b（mm）	h(mm）
$10 \leqslant t \leqslant 30$	$l<1.5$	100	30
	$1.5 \leqslant l<4.0$		40
	$l \geqslant 4.0$		50
$t \geqslant 30$	$l<1.5$	150	45
	$1.5 \leqslant l<4.0$		60
	$l \geqslant 4.0$		75

钢板对接焊前反变形推荐值

钢板对接现场图

工艺说明

钢板拼接前，用于拼接的钢板必须经质量部门检查验收合格，并根据施工图及排版图要求核对钢板及坡口尺寸。当钢板版幅不够时，尽可能采用整板对接后再下料，拼接缝应优先采用埋弧焊进行焊接。钢板对接应预留焊接收缩量，焊接完成后外形尺寸不得有负公差。在焊接过程中通过控制焊接顺序，设置焊前反变形以减少焊后矫正工作量。

020210 卷管和校圆工艺

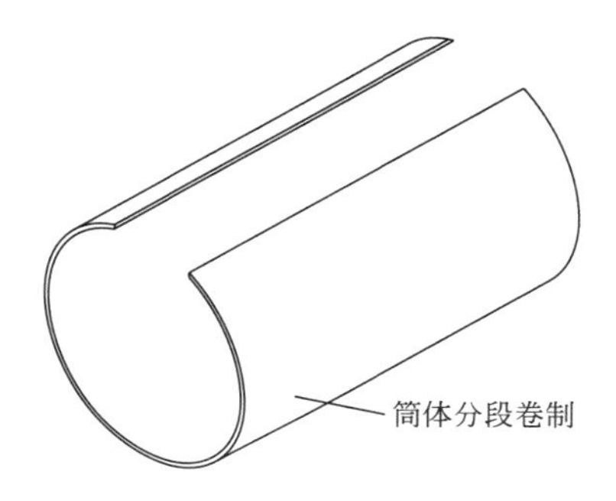

卷管示意图

卷管施工现场图

工艺说明

卷管时采用渐进式卷制，不得强制成形。卷板前需对板两端头预压弯，保证接缝处过渡平滑，防止接缝处产生棱角，预压弯圆弧半径等于圆管半径。冷卷时，由于钢板回弹，卷制时必须施加一定的过卷量。筒体卷制成形合格后方能进行直缝焊接，先焊筒体内侧，再焊筒体外侧。校圆时应控制上下轴辊压力，保持压力得当，反复多次进行回圆，注意上辊进给量，防止出现裂纹及变形等现象。

020211 钢管组对工艺

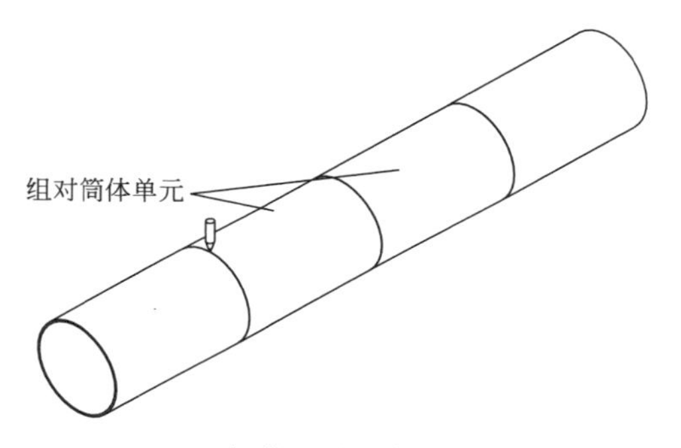

钢管组对示意图

钢管组对施工现场图

工艺说明

钢管接长时每个节间宜为一个接头，必须按照工艺文件中的筒体节段对接图进行组对。当钢管直径 $d \leqslant 800$mm 时，最短对接长度不小于 600mm；当钢管直径 $d > 800$mm 时，最短对接长度不小于 1000mm。相邻筒体直缝错开间距不得小于 5 倍的钢管壁厚，管口错边允许偏差为 $t/10$ 且不应大于 2mm，组对后筒体弯曲矢高不大于 3mm。组对完成后检查组对质量，合格后方能进行环缝焊接。

020212 锥管加工工艺

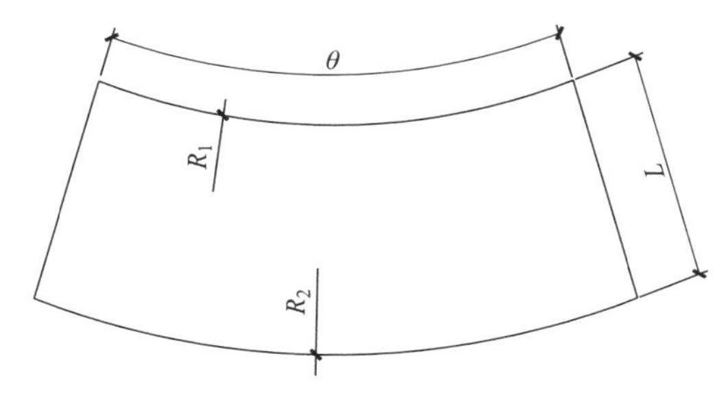

锥管展开示意图

锥管加工现场图

工艺说明

首先采用计算机放样技术，根据锥管的大小口半径 R_1、R_2、长度 L、壁厚 t、母线夹角 θ 等参数，绘制锥管展开图，同时预留一定的压头余量。零件数控下料后采用油压机对壁板两侧一定范围内进行冷压预弯，再通过卷管机器卷制成形并使用样板进行检测，检测合格后切割两侧的加工余量，开焊接坡口并打磨焊道区域至光洁。采用气体保护电弧焊打底＋埋弧焊填充盖面的焊接方法完成焊缝拼接。

020213 相贯线切割工艺

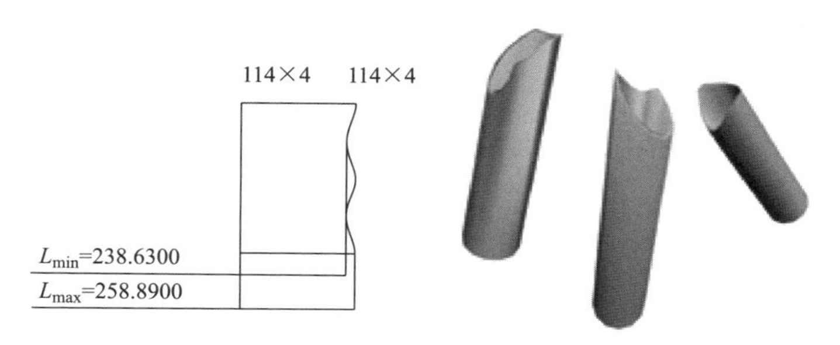

相贯线切割贯口示意图

相贯线切割施工现场图

工艺说明

采用 PIPE3000 等相贯线编程软件进行编程，生成相贯线切割贯口的切割程序。材料预处理后由专业人员操作机器进行相贯线切割，切割过程中不得随意停火，要注意及时清除氧化铁、氧化皮等杂物，并对切割缺陷等进行补焊打磨。钢管下料后应进行首件验收，按照《相贯线数控切割工艺表》进行逐个检查，首件检验公差合格后方可后续切割。

020214 相贯线切割工艺实例

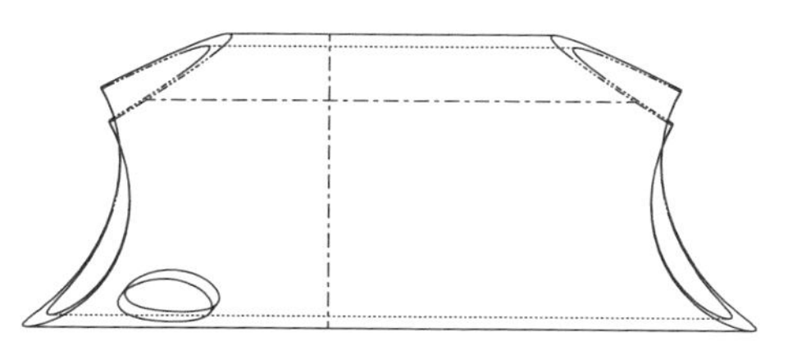

重庆国博相贯线贯口示意图

重庆国博相贯线贯口实物图

施工案例说明

重庆国博屋面桁架重量约5000t，钢管最大截面为ϕ800mm×40mm，倾斜角度大于60°的大跨度桁架的腹杆相贯线、贯口角度的切割难度大。根据相贯线编程数据进行排版并在码单中备注。编程时余料设置：为了方便现场安装，在编制相贯线过程中需要对桁架的腹杆采取负偏差处理，当腹杆壁厚≤10mm时，每根杆件长度减少6mm；当腹杆壁厚>10mm时，每根杆件长度减少10mm。上下弦杆直管段按中心线长度进行下料，弯管段按中心线展开长度下料，不缩放余量。

020215 机械矫正

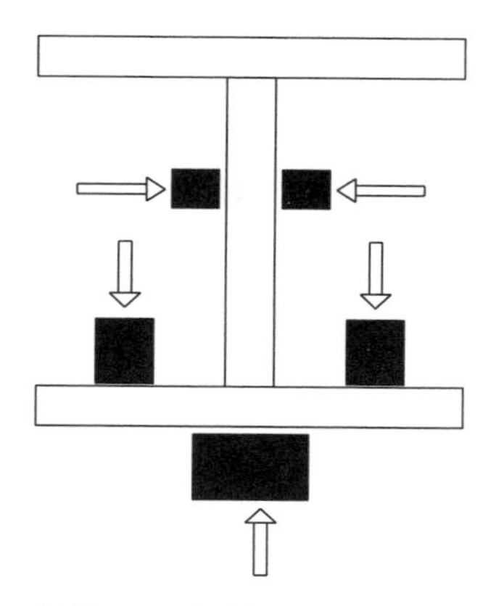

焊接 H 形钢翼板矫正示意图

焊接 H 形钢翼板机械矫正施工现场图

工艺说明

H 形钢翼板塌肩变形采用翼矫正机进行矫正。若变形较大，应分多次进行矫正，避免因一次矫正量过大，产生明显压痕或沟槽。矫正后，用角尺测量翼板矫正后的平直度，合格后换另一侧翼板矫正。

020216 火焰矫正

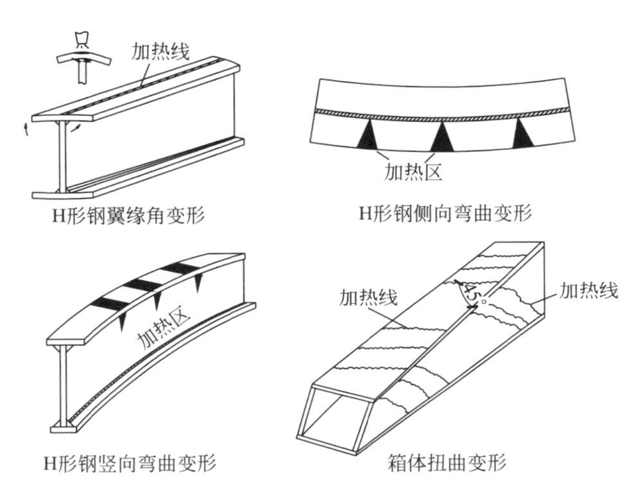

火焰矫正示意图

火焰矫正施工现场图

工艺说明

矫正时应使用火焰外焰加热，枪嘴应在构件表面不停地摆动或画圈，不能长时间对着某一处加热，以免烧伤母材。使用测温笔或依据颜色来判断加热温度的高低。

020217 边缘加工

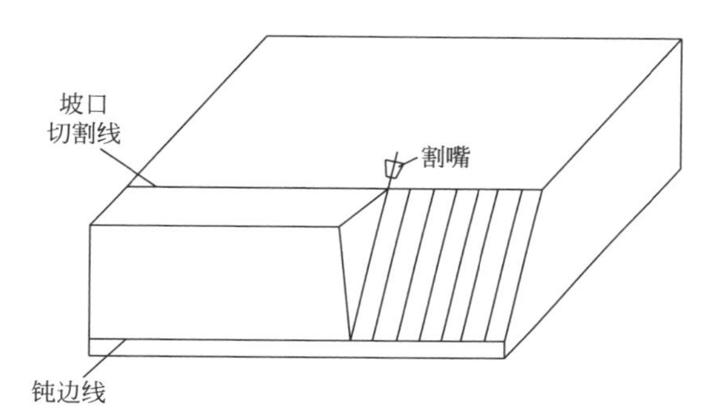

边缘加工示意图

边缘加工施工现场图

工艺说明

零部件的焊接坡口采用半自动火焰切割机进行加工，坡口面应无裂纹、夹渣、分层等缺陷，并将坡口面的割渣、毛刺等杂物打磨干净，露出良好的金属光泽。坡口处应做好部分熔透与全熔透之间的平滑过渡。对于有较高要求的坡口或其他边缘加工，可采用铣边机进行加工。

020218 摇臂钻制孔工艺

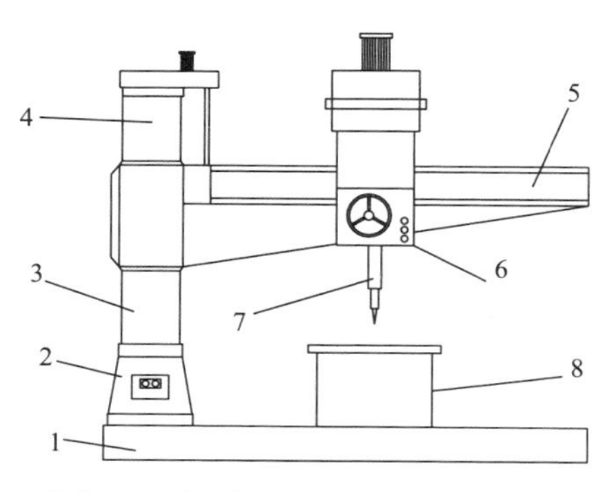

1—底座；2—内立柱；3、4—外立柱；5—摇臂；
6—主轴箱；7—主轴；8—工作台

摇臂钻制孔示意图

摇臂钻制孔施工现场图

工艺说明

同规格数块零件可叠加在一起钻，重叠零件的基准边必须在同一垂直面内。所有零件板制孔后需进行首件检查，合格后方可大批量制孔。当批量大、孔距精度要求较高时，宜采用钻模钻孔。螺栓孔孔壁粗糙度及精度应满足规范要求。

020219 数控钻床制孔工艺

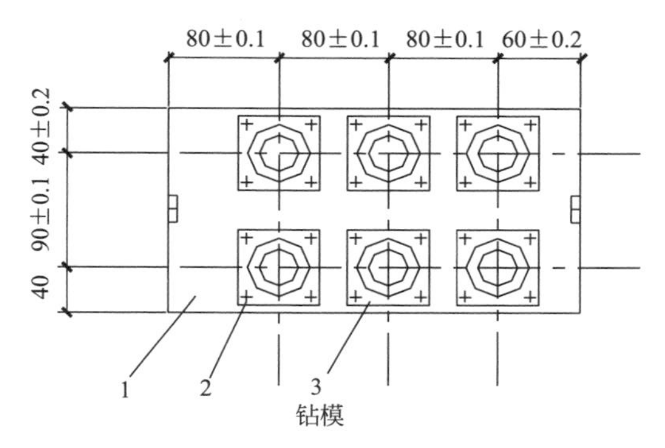

1—模板；2—螺钉；3—钻套

钻模使用示意图

数控钻床制孔施工现场图

工艺说明

数控钻床制孔时，应首先编好程序，空走试钻；首件钻完后应进行检验，合格后方能继续制孔。可将同一规格数块零件叠加在一起钻，重叠零件的基准边必须在同一垂直面内。螺栓孔孔壁粗糙度及精度应满足规范要求。当批量大、孔距精度要求较高时，采用钻模制孔。

020220 磁力钻制孔工艺

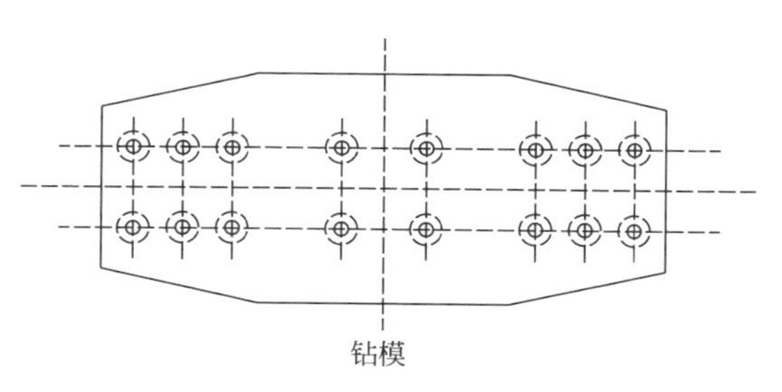

节点板钻模示意图

磁力钻制孔施工现场图

工艺说明

按零件放样图、构件详图完成孔的位置画线，必须有清晰的样冲标识并经检验合格。电机工作前，首先要校对好制孔位置，然后再按下磁座开关，让磁座开始工作，再按下制孔电机启动按钮，电机开始工作，停止工作的关机过程与此相反。当批量大、孔距精度要求较高时，采用钻模制孔。

020221 激光切割制孔工艺

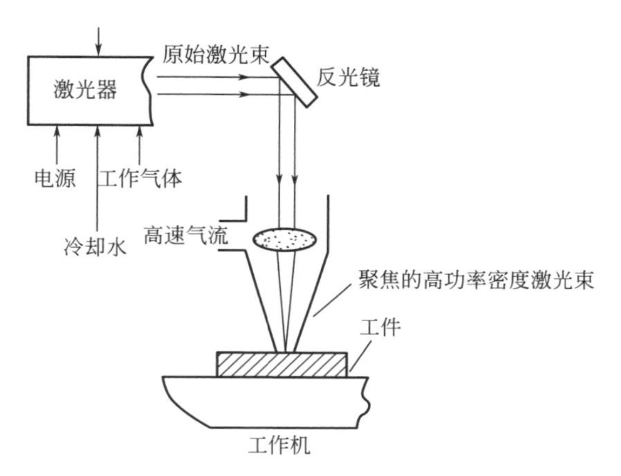

激光切割制孔示意图

激光切割制孔施工现场图

工艺说明

激光切割制孔是利用聚焦的高功率密度激光束照射工件，使被照射的材料迅速熔化、汽化、烧蚀或达到燃点，同时借助与光束同轴的高速气流吹除熔融物质，随着光束的移动，孔洞连续形成宽度很窄的（约 0.1mm）切缝，完成对材料的切割。

第三节 • 构件组装工程

020301 H形钢组立（定位焊）

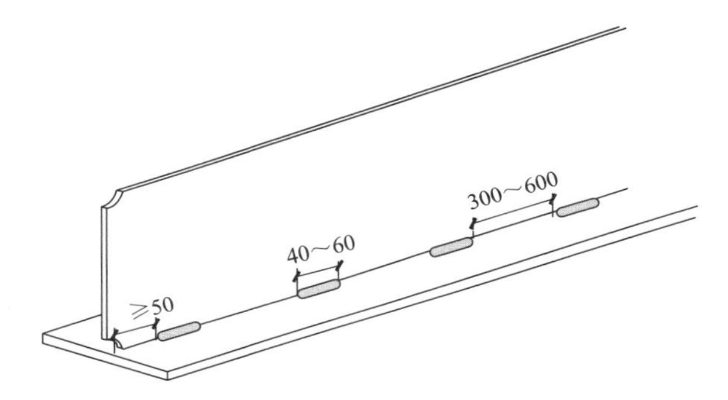

H形钢组立（定位焊）示意图

H形钢组立（定位焊）施工现场图

工艺说明

定位焊长度40～60mm，焊缝最小厚度3mm，最大不超过设计焊缝的2/3，间距300～600mm且两端50mm处不得点焊。较短构件的定位焊不得少于两处。

020302 H形钢组立（翼腹板对接）

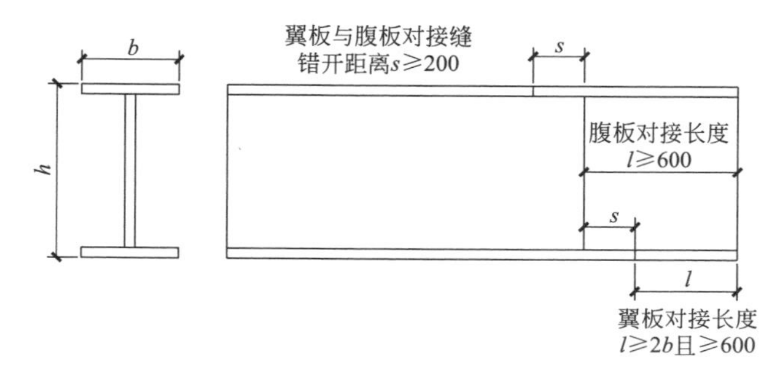

H形钢组立（翼腹板对接）示意图

H形钢组立（翼腹板对接）施工现场图

工艺说明

焊接H形钢的翼板拼接缝和腹板拼接缝的间距不宜小于200mm。翼板拼接长度不应小于2倍的板宽且不应小于600mm；腹板的拼接宽度不应小于300mm，长度不应小于600mm。

020303 箱形内隔板组立

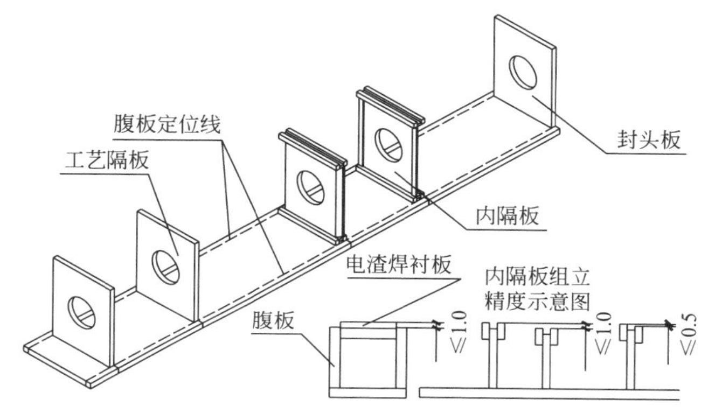

箱形内隔板组立示意图

箱形内隔板组立施工现场图

工艺说明

箱形内隔板组立按照工艺要求点焊牢固，电渣焊衬板应高于腹板 0.5～1.0mm，与腹板顶紧。内隔板装配后，同一隔板的电渣焊衬板高差不得大于 0.5mm，相邻内隔板间的衬板高差不大于 1.0mm。当内隔板较密集时，应从中间向两侧逐步退装退焊。

020304 箱形内隔板组立实例

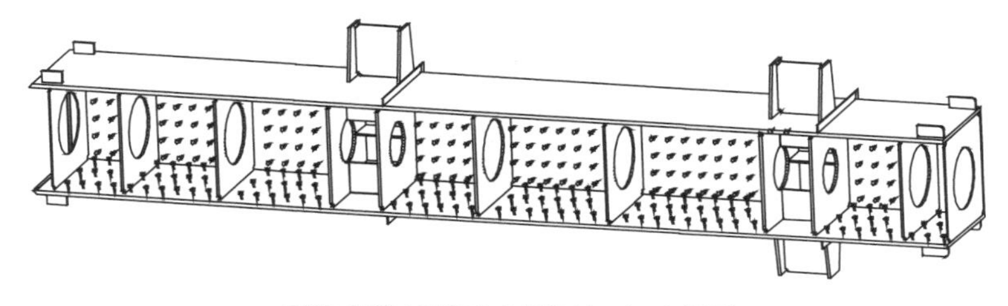

天津现代城箱形内隔板组立示意图

天津现代城箱形内隔板组立施工现场图

施工案例说明

天津现代城项目包括办公楼钢结构和酒店钢结构两部分。结构类型为核心筒—钢框架结构体系，办公楼外框柱为 20 根箱形截面柱，最大截面尺寸为 1800mm×1600mm×55mm×55mm，随着楼层的增高，钢柱截面逐渐减小，屋顶层截面为 800mm×800mm×22mm×22mm。箱形内隔板全部为全熔透焊缝，且箱体内部设计了大量的纵向加劲肋及拉杆。内隔板与纵向加劲肋在 U 形组立后焊接，面板装焊后焊接内隔板最后一道焊缝。十字拉杆采用退装的方法安装。

020305 箱形组立

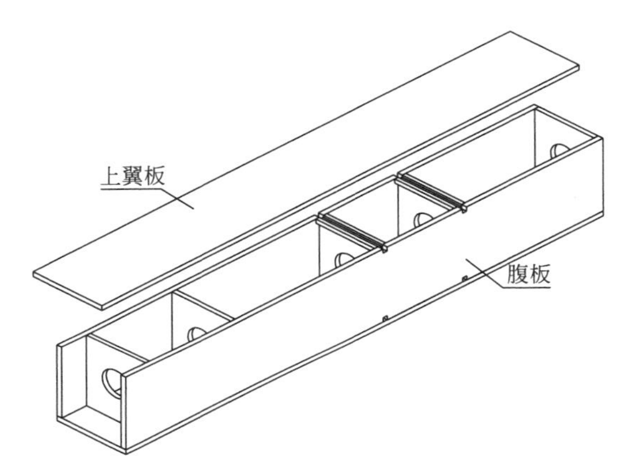

箱形组立示意图

箱形组立施工现场图

工艺说明

翼板与腹板之间的装配间隙除工艺文件特殊要求外，一般角焊缝的装配间隙 $\Delta \leqslant 0.75$mm，熔透和部分熔透焊缝的装配间隙 $\Delta \leqslant 2$mm，电渣焊隔板与面板的装配间隙不大于 0.5mm。上翼板组立前必须先对 U 形体的焊缝、内隔板位置与高差进行隐蔽检查，清理焊道内铁锈、毛刺、油污、杂物等。

020306 箱形组立实例

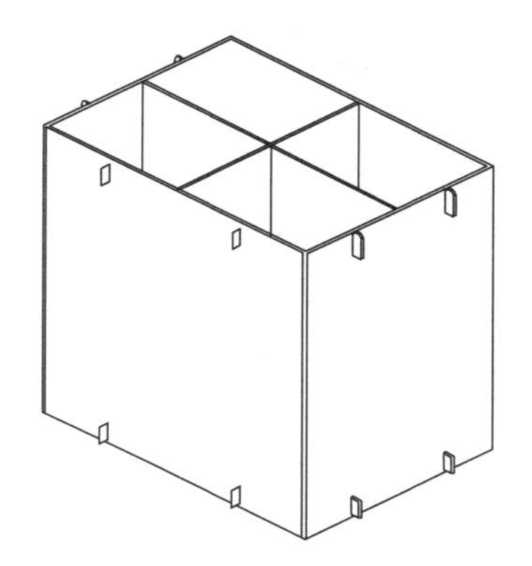

广州东塔箱形组立示意图

广州东塔箱形组立施工现场图

施工案例说明

广州东塔塔楼外框采用了巨型箱形柱，箱体截面净尺寸最大达到3400mm×4800mm，钢柱壁厚达到50mm，属超大型箱体，为保证巨型箱形柱现场安装的精度，制作时对钢柱壁板的平整度以及钢柱的外形尺寸精度要求较高，将构件拆分成各个板单元，待板单元加工并检验合格后吊到总拼装胎架上进行组装加焊接以确保构件的加工精度。

020307 十字形组立

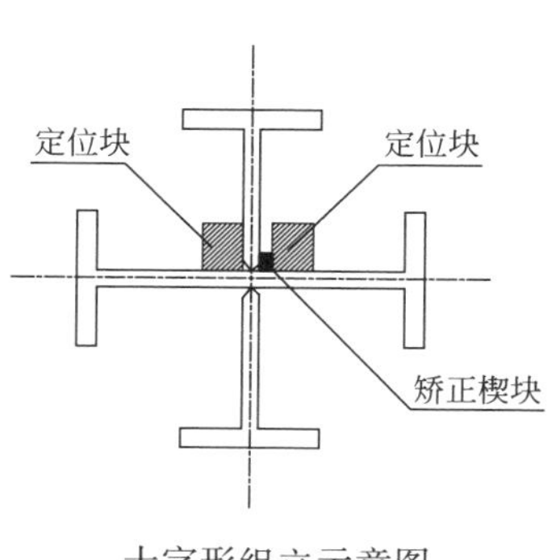

十字形组立示意图

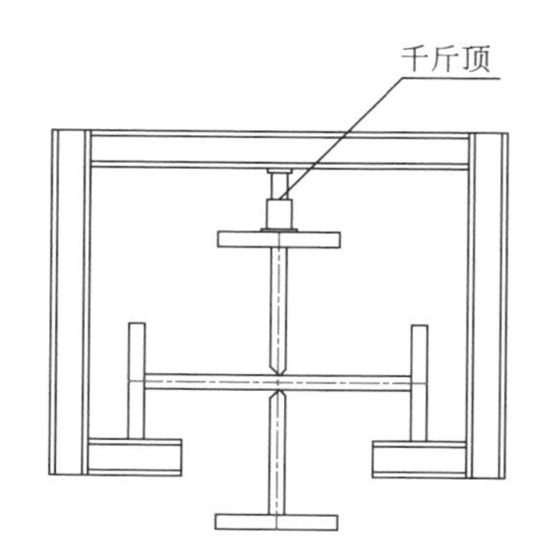

千斤顶调节间隙示意图

十字形组立施工现场图

工艺说明

十字形构件组立时应采用专用组立胎架进行组立，组立胎架必须有足够的刚度、强度。组立前先按 H 形钢高度计算出 T 形钢腹板在 H 形钢腹板上的组装中心线位置，再按此中心线返出 T 形钢腹板边缘线，并按此边缘线组立 T 形钢。为保证 T 形钢与 H 形钢完全贴合，局部间隙过大部位应采用门式调节装置通过千斤顶进行调节。

020308 牛腿部件组立

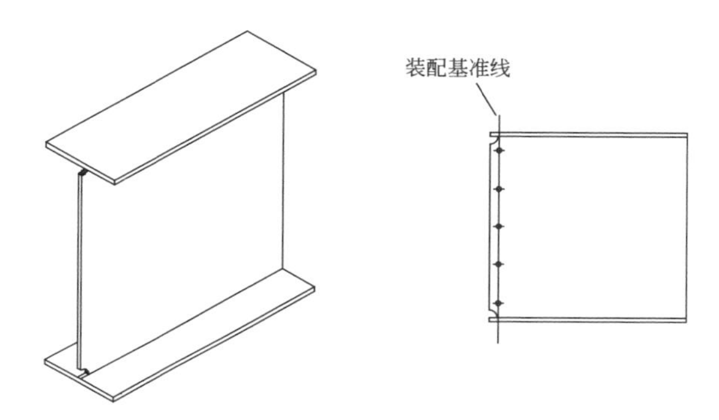

牛腿部件组立示意图

牛腿部件组立施工现场图

工艺说明

牛腿部件板材不宜接长，腹板下料宽度允许偏差为 0～2mm。垂直端面 H 形牛腿组立可以以任意一端作为组立基准端，钻孔画线基准应与组立端基准保持一致。组焊后进行矫正，成品长度及宽度允许偏差为±2mm，连接处垂直度允许偏差为 1.5°。

020309 构件总装

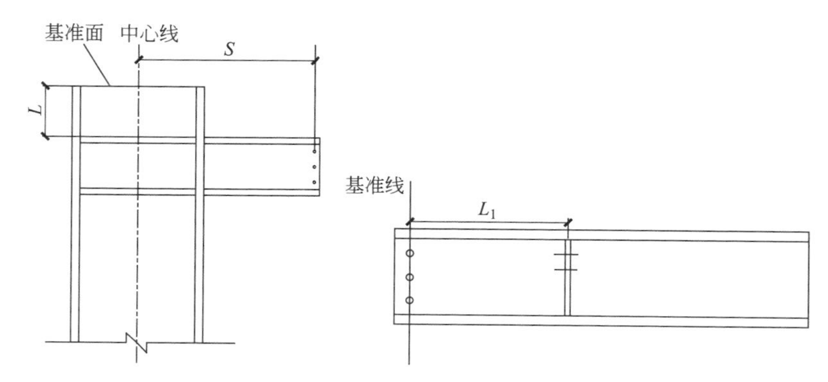

钢柱总装基准定位示意图　　钢梁总装基准定位示意图

构件总装施工现场图

工艺说明

根据工艺文件要求和各零部件在图纸上的位置尺寸，确定H形钢本体的长度和宽度方向的装配基准线。零部件装配时，应采取必要的加固与反变形措施，同时注意零部件装配顺序是否利于焊接操作，不得随意在本体上点焊。

020310 构件总装实例

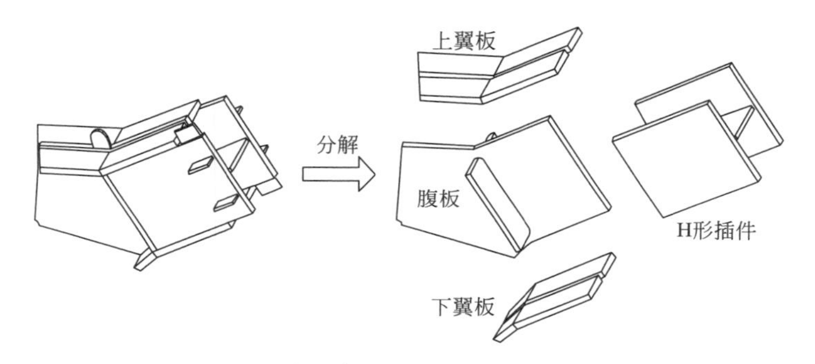

天津现代城牛腿总装示意图

天津现代城牛腿总装施工现场图

施工案例说明

天津现代城项目桁架区外框柱牛腿，最大板厚 80mm，空间狭小，焊接填充量较大。此牛腿可分解为上翼板、下翼板、腹板、H 形插件，制作方法分为两种：一是先焊接腹板与下翼板（下翼板采用双坡清根焊），然后焊接 H 形插件（采用衬垫焊朝上），最后焊接上翼板（采用衬垫焊朝上）；二是先焊接腹板与 H 形插件，再焊接上下翼板（上下翼板均采用衬垫朝外坡口）。

第四节 • 构件预拼装工程

020401 整体预拼装

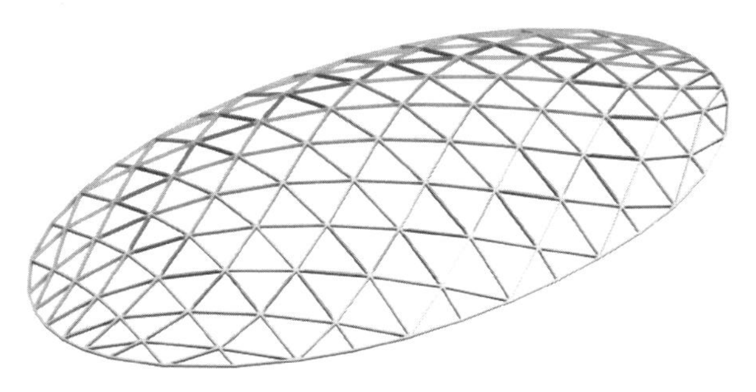

整体预拼装示意图

整体预拼装现场图

工艺说明

拼装过程中采用固定式胎架及辅助拼装措施，依次安装所有构件，并控制精度，使整体预拼装通过检验。遇到复杂构件定位难度较大时，可利用全站仪进行控制点测量及过程中相关数据复测等工作，并形成相关数据记录上报相关质检、监理等人员进行构件验收，合格后方可进行下道工序。

020402 累计连续预拼装

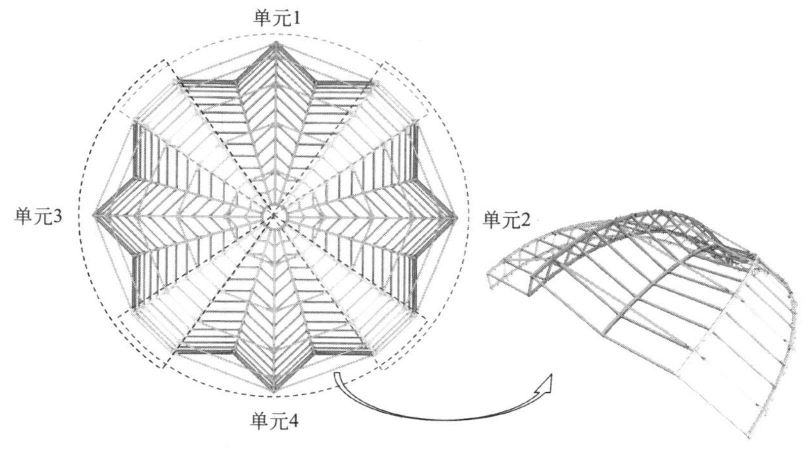

累计连续预拼装分区示意图　　　单一预拼装单元示意图

累计连续预拼装现场图

工艺说明

根据结构特点，将结构整体进行适当分块或分段，采用固定胎架或可移动式胎架，依次进行单块或单段预拼，分区交接处构件需同时参与相邻两轮预拼装，依次循环直至完成所有构件预拼装。过程中必须采用全站仪对各构件的控制点进行测量和复测。

020403 三维激光扫描模拟预拼装

构件三维激光扫描现场图

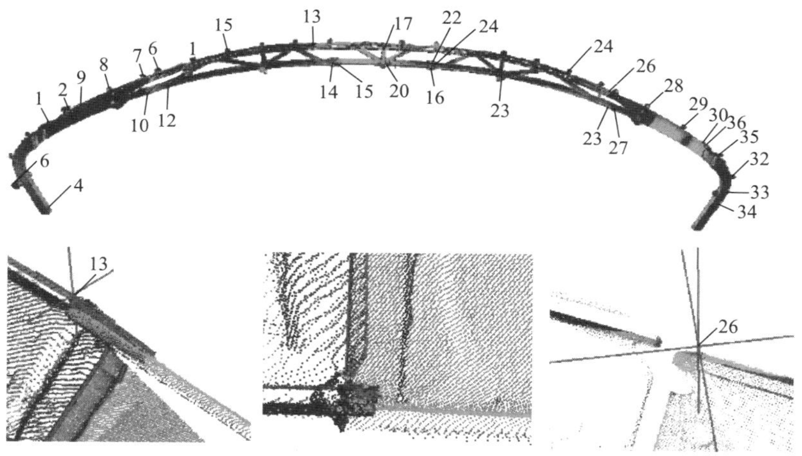

三维激光扫描模拟预拼装检验示意图

工艺说明

采用三维激光扫描仪及配套分析软件，通过三维扫描成像技术，快速生成空间复杂结构的三维点云模型，建立预拼装坐标系，将所有构件的点云模型依次导入并统一到同一坐标系，与整体结构的理论三维设计模型进行对比分析，达到实体整体预拼装同等效果，实现快速高效检验。

第五节 ● 构件标识包装

020501 构件标识

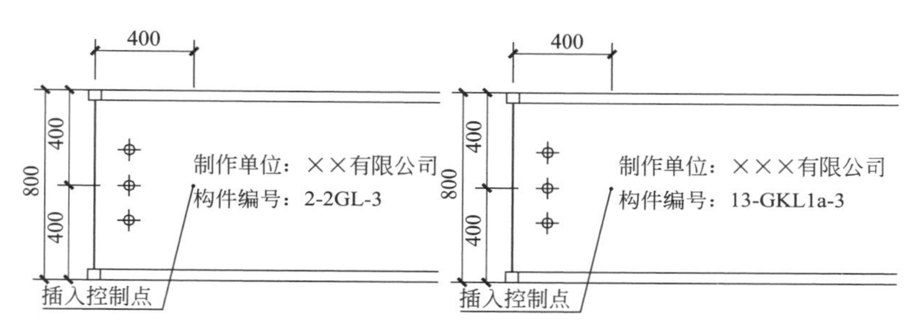

构件标识示意图

构件标识现场图

工艺说明

构件本体组立完成后一般采用钢印标识（项目不允许使用钢印的构件采用油漆笔标识或挂牌标识），构件各工序采用条形码标识，使每根构件的制作进度可在系统实时动态查询。成品构件采用喷码（或油漆笔）和条形码标识。

020502 构件打包

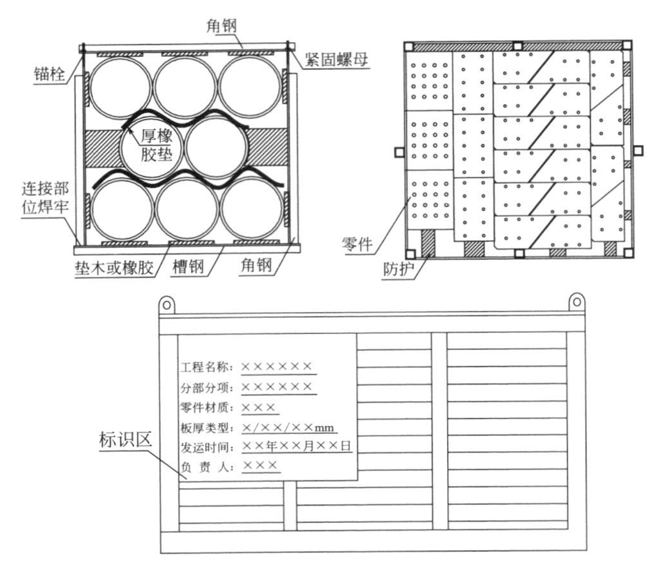

构件打包示意图

构件打包现场图

工艺说明

无牛腿等外伸零部件的构件采用打捆包装方法，根据单个构件的重量及尺寸确定合适的打捆数量；带牛腿等外伸零部件的构件采用裸装方式装车；散发零部件根据其重量及尺寸，可选择托盘或打包带包装；海运需根据构件形式、海运方式等选择框架打包或其他满足海运要求的打包方式。

020503 构件装车

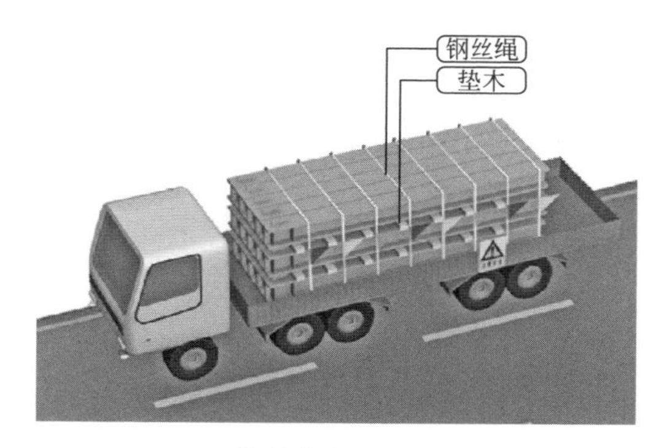

构件装车示意图

构件装车现场图

工艺说明

严格按发运清单装车，发运清单随车带至现场，并核对装运构件的相关资料是否准确、齐备。车上构件堆放应稳固，采用钢丝绳捆扎牢固，防止构件运输过程滚落。构件层间木方应在同一竖线上，构件与钢丝绳相交处应采用胶皮等进行隔离防护。构件装车时注意装车顺序，要按先大后小、先实后抛的原则。装车不得超载或偏载。

020504 构件运输

构件运输示意图

构件运输现场图

工艺说明

公路运输构件时应保证钢构件安全、稳定、不散落、不松动、不变形、不损伤涂层。超限构件的运输需办理“超限运输许可证”。国内公路运输超限且满足水路运输条件的构件，可采取水路运输。国内水路运输或海外工程海运，需同时结合港口装卸能力及陆运接驳运输要求，确定钢构件的外形尺寸和分段重量。

第三章　钢结构安装

第一节 • 基础和预埋件

030101 埋入式柱脚安装

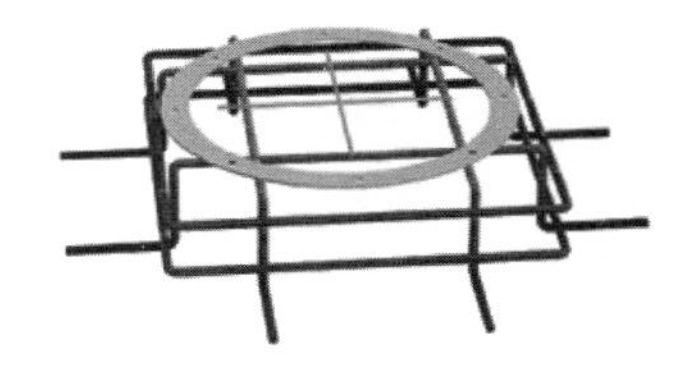

（1）土建钢筋绑扎后，安装定位板或支架等辅助设施

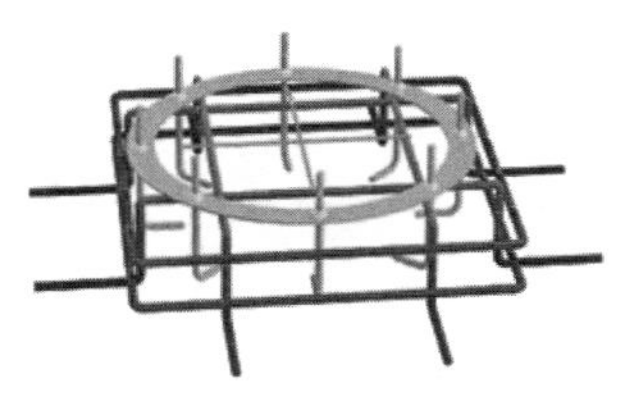

（2）安装预埋锚栓，通过垫板及螺母调整安装标高，丝扣需涂油并用胶带包裹防护

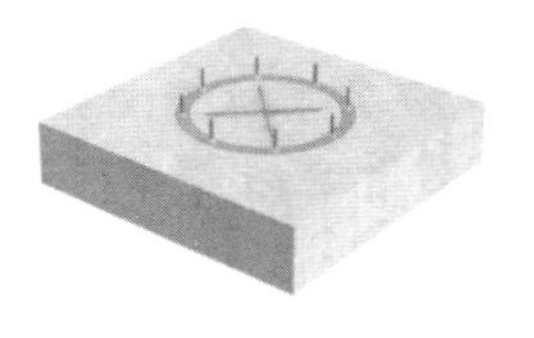

（3）混凝土一次浇筑至设计标高，后应测量复核

（4）安装钢柱柱脚，紧固螺母，测量校正

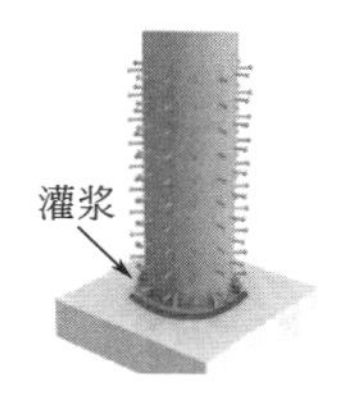

（5）浇筑柱底灌浆料

（6）承台混凝土二次浇筑至设计标高

埋入式柱脚安装工艺流程图

030102 地脚锚栓安装

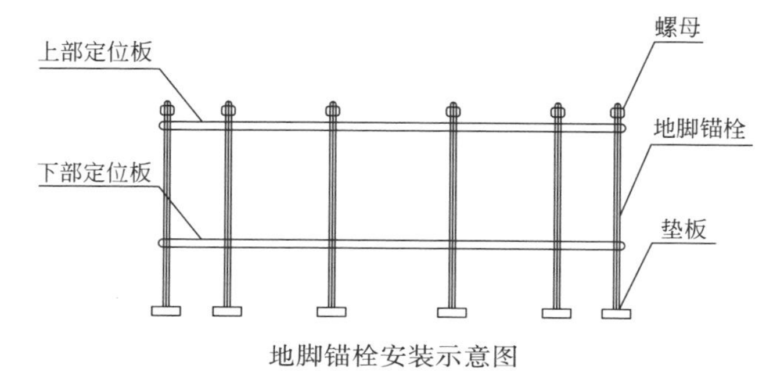

地脚锚栓安装示意图

柱脚锚栓安装施工现场图

工艺说明

安装前，需制作相应锚栓定位板或支架，以固定锚栓并准确定位；锚栓定位板或支架安装结束后，对定位板或支架轴线、标高以及平整度进行调整至满足规范要求；锚栓埋设结束后需做好丝扣保护，并经检验合格后，方能进入下道工序。

030103 柱脚埋件的定位与加固

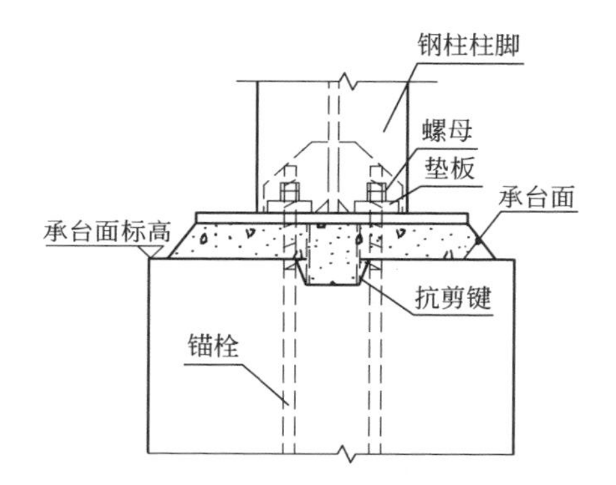

柱脚埋件的定位与加固示意图

柱脚埋件的定位与加固施工图

工艺说明

安装前，核查柱脚埋件构件的类型、规格、数量是否与设计相符；依据设计图的定位、类型、数量要求进行埋设；柱脚埋件定位完成后，在柱脚浇筑前，需定位进行复核，并做好过程数据记录。

030104 后植型埋件施工工艺

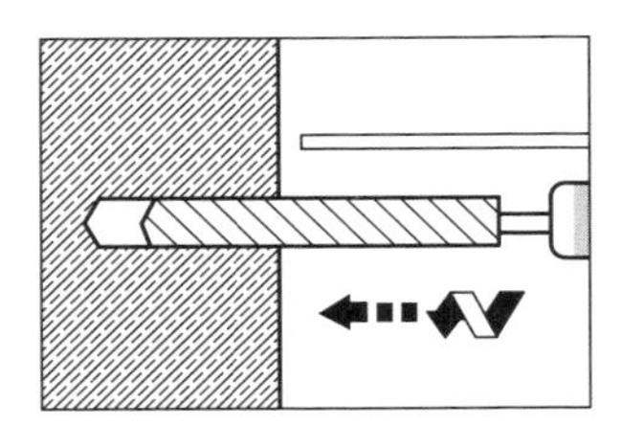

（1）定位、钻孔：按照图纸尺寸进行定位放线，钻孔一般要垂直混凝土构件，防止后期出现锚固力不足现象

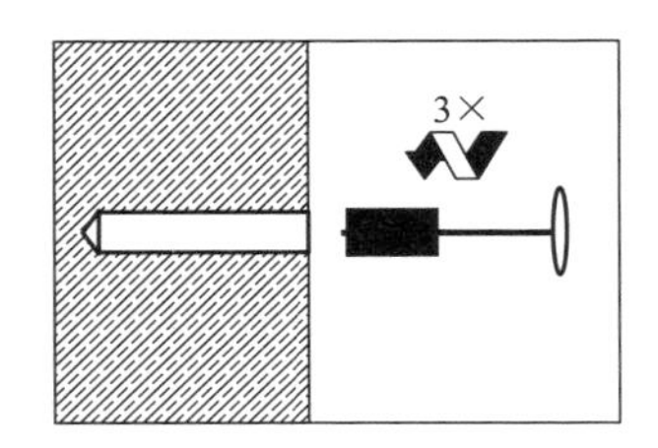

（2）刷孔、清理：用毛刷将孔内残渣清理干净，用丙酮清理孔壁，确保孔壁清洁

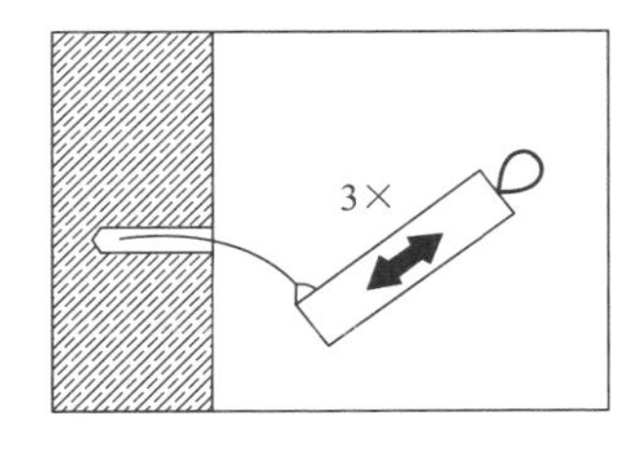

（3）吹孔、干燥：将孔内水分吹干，遵循“三吹三刷”原则，确保孔壁干燥无油污

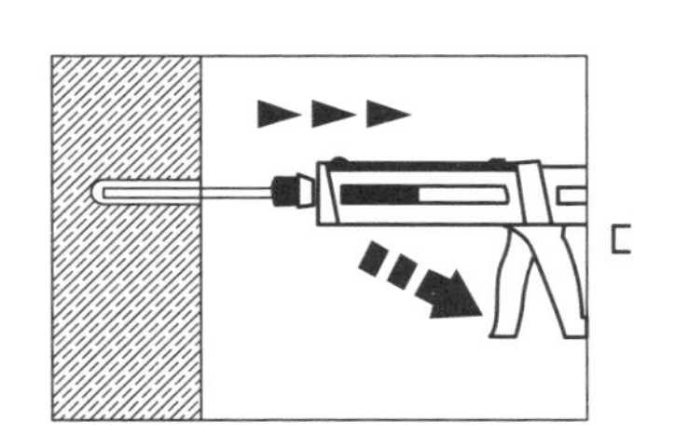

（4）填充、注胶：采用专用植筋胶，从孔底向孔口注入，将孔内气体有效排出孔外，防止产生气泡从而影响注胶质量，注胶量应达到孔深的2/3左右

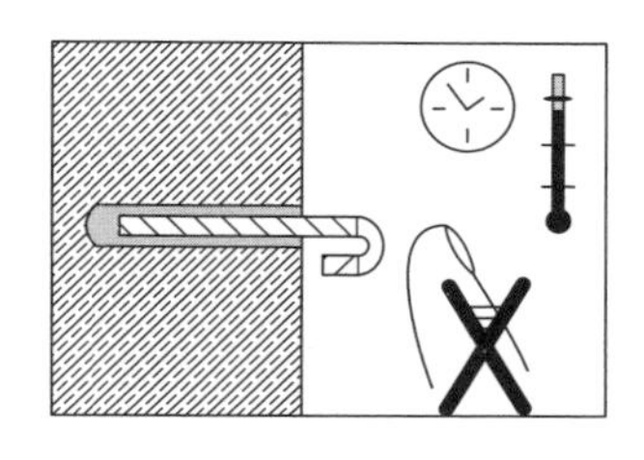

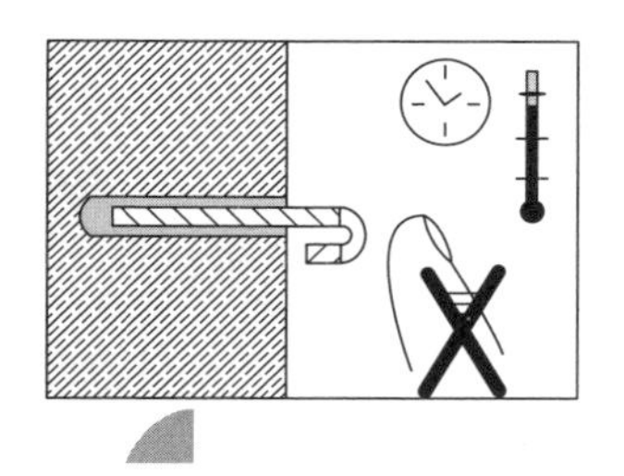

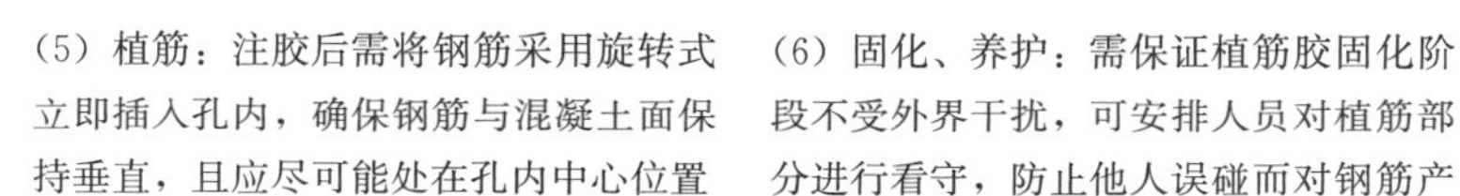

（5）植筋：注胶后需将钢筋采用旋转式立即插入孔内，确保钢筋与混凝土面保持垂直，且应尽可能处在孔内中心位置

（6）固化、养护：需保证植筋胶固化阶段不受外界干扰，可安排人员对植筋部分进行看守，防止他人误碰而对钢筋产生扰动。植筋 3～4 天后，可进行拉拔试验的抽检

后植型埋件施工工艺流程图

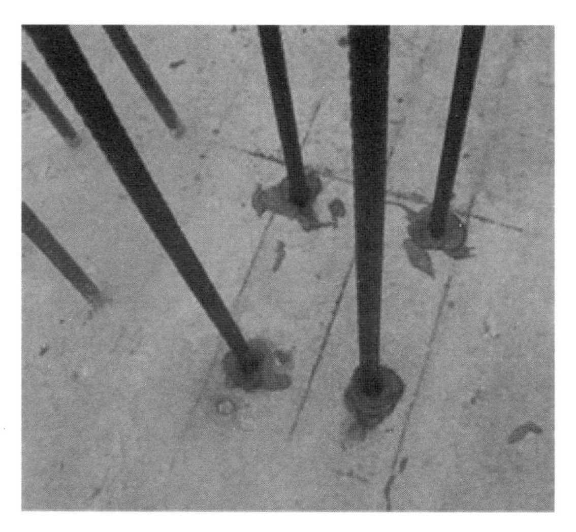

后植型埋件施工现场图

030105 钢垫板支承安装

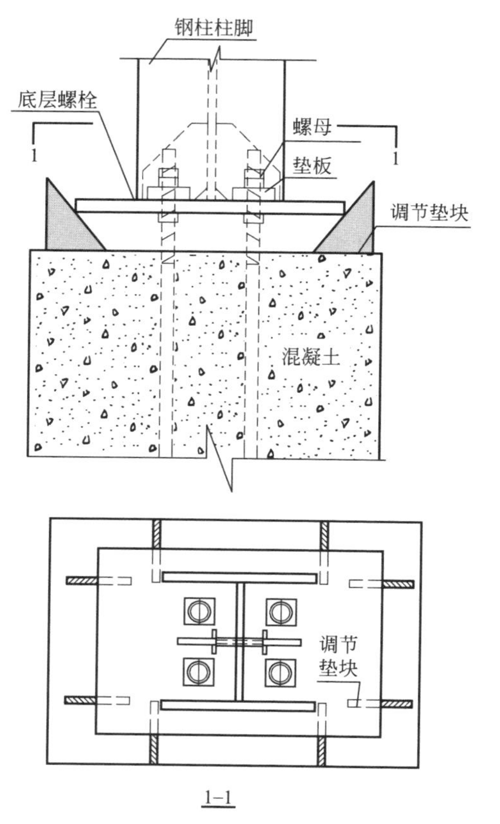

柱脚钢垫板支承示意图

工艺说明

计算确定钢垫板面积；钢垫板设置在柱加劲板或柱肢下，每根锚栓应设1～2组钢垫板，不得多于5块；钢垫板与基础的接触面应平整、紧密；柱底二次浇灌混凝土前，钢垫板间应焊接固定。

030106 柱底二次灌浆

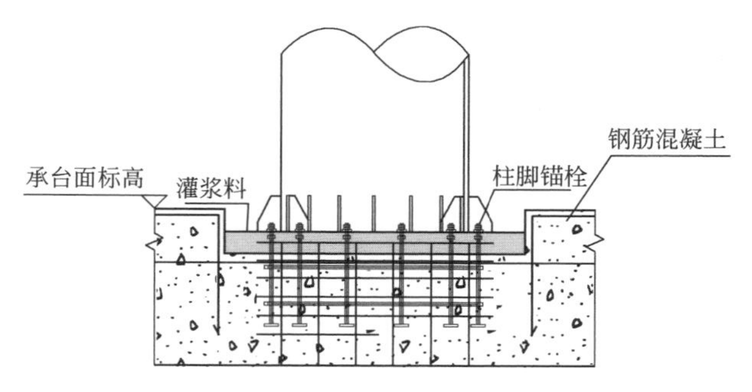

柱底二次灌浆示意图

柱底二次灌浆施工现场图

工艺说明

灌浆前，将设备底板和混凝土基础表面清理干净；灌浆前24h，基础混凝土表面应充分润湿；二次灌浆时，应从一侧灌浆，直至从另一侧溢出为止，不得从相对两侧同时灌浆；在灌浆过程中严禁使用机械振捣，灌浆部位温度大于35℃时，应及时采取保湿养护措施。

第二节 • 钢构件吊装

030201 垂直钢柱吊装

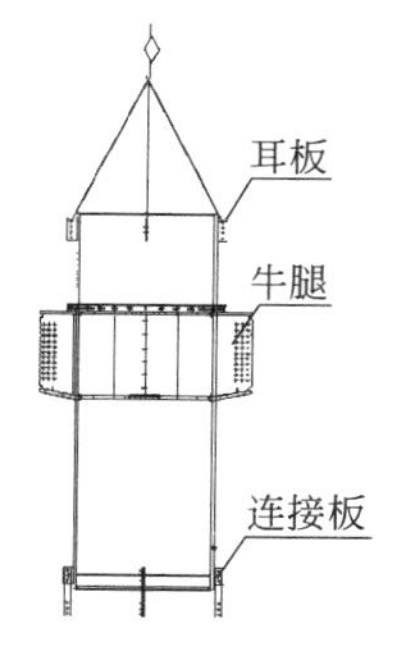

垂直钢柱吊装示意图

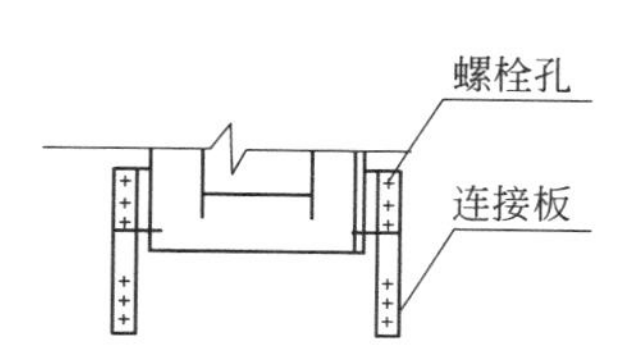

临时连接板设置示意图

垂直钢柱吊装施工现场图

工艺说明

垂直钢柱吊点的设置应吊装简便、稳定可靠，一般使用钢柱上端的连接耳板作为吊点。吊装前需将爬梯及临时连接板绑扎于钢柱上，以便下道工序的操作人员进行施工作业。为防止钢柱起吊时在地面拖拉造成地面和钢柱损伤，钢柱卸车时下方应垫好枕木。

030202 倾斜钢柱吊装

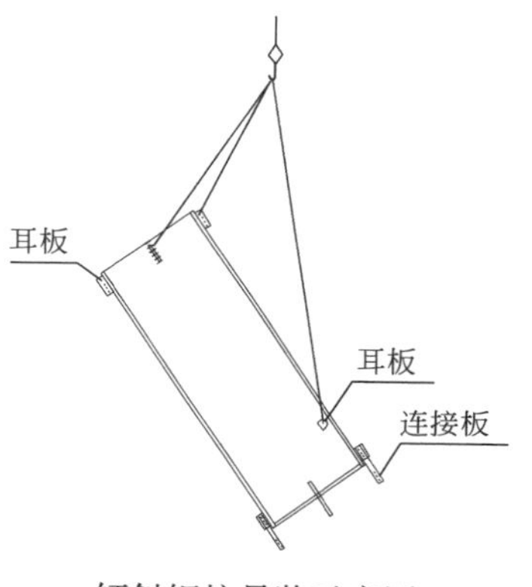

倾斜钢柱吊装示意图

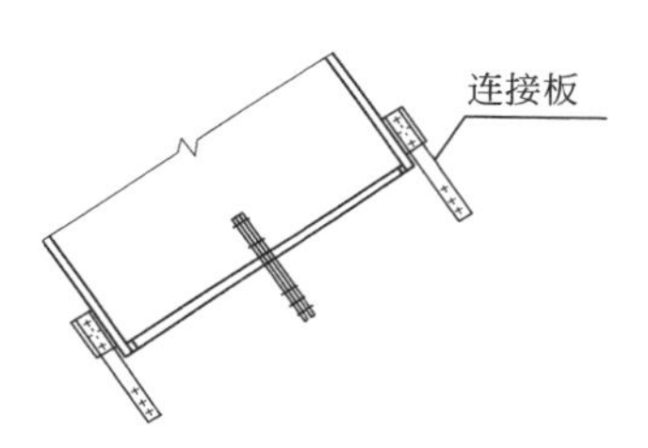

临时连接板设置示意图

倾斜钢柱吊装施工现场图

工艺说明

吊装过程中，在钢柱身外侧设置吊耳，用手拉葫芦将钢柱调整至安装姿态再行起钩。根据钢柱倾斜角度的不同，使用双夹板或竖向支撑（横向拉结措施）。起吊前，钢柱底部垫枕木；回转时，要预留起重高度。

030203 钢梁吊装

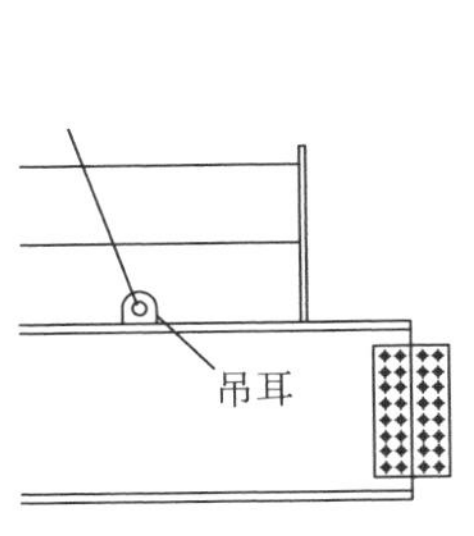

吊耳设置示意图

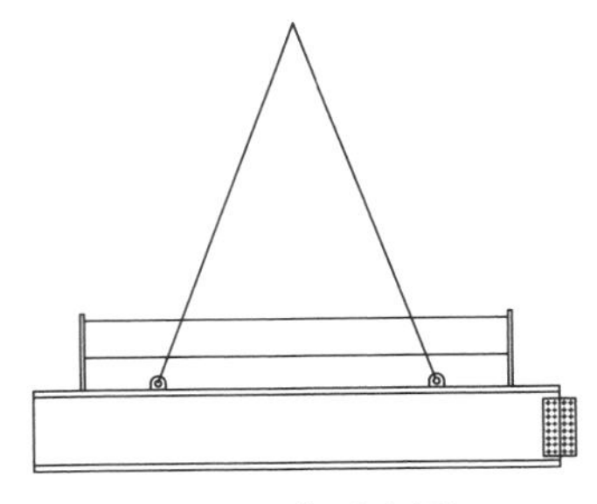

钢梁吊装示意图

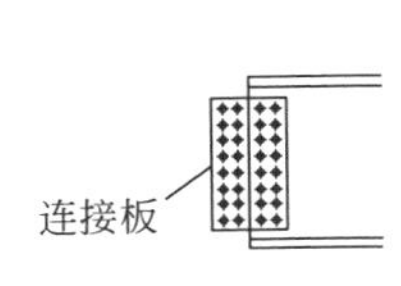

连接板设置示意图

钢梁吊装施工现场图

工艺说明

钢梁吊装吊点一般有吊耳和吊装孔两种。加工时预制吊点，吊点到端头的距离为总长的1/4。钢梁吊装前将连接板临时固定在钢梁两端。吊装前安装好安全立杆，以便于施工人员行走时挂设安全带。

030204 钢构件串吊

连接板

连接板设置示意图

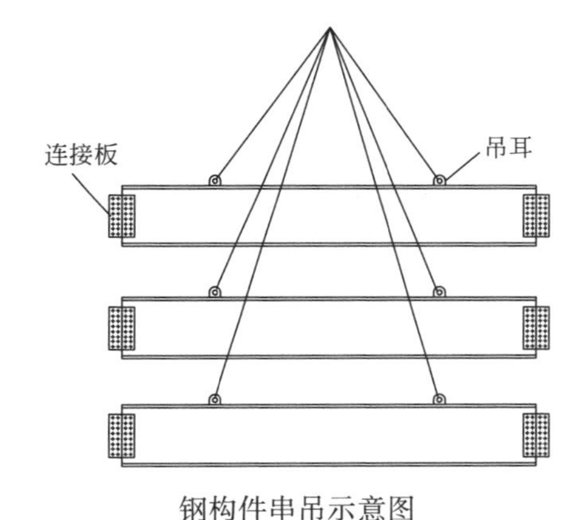

钢构件串吊示意图

钢构件串吊施工现场图

工艺说明

对于长度较短、重量较轻且在同一安装区域的钢梁可采用串吊的方式。加工时预制吊点，吊点到端头的距离为总长的1/4。

030205 斜撑吊装

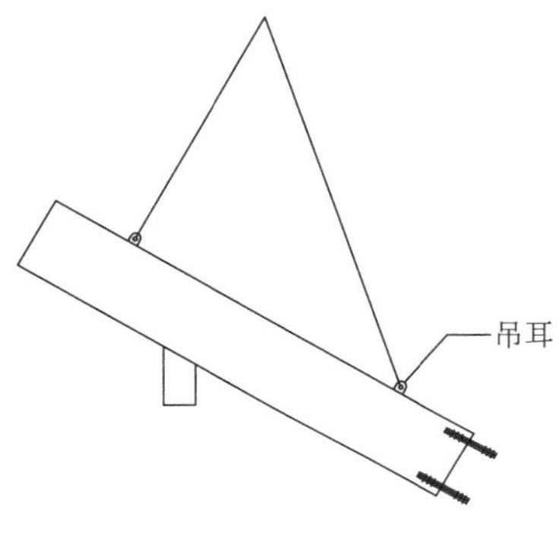

斜撑吊装示意图

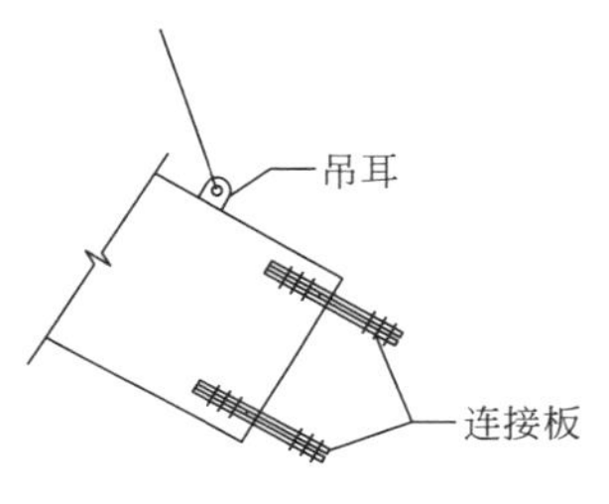

吊耳和连接板设置示意图

斜撑吊装施工现场图

工艺说明

斜撑吊装过程中，在斜撑外侧设置吊耳。吊装绑钩时，在斜撑底部绑缚的钢丝绳上设置捯链，利用捯链将斜撑调整至安装姿态后再行起钩。根据斜撑的倾斜角度，计算后确定临时连接措施。一般斜撑角度较小时，可选用双夹板自平衡技术。

030206 超高层钢桁架吊装

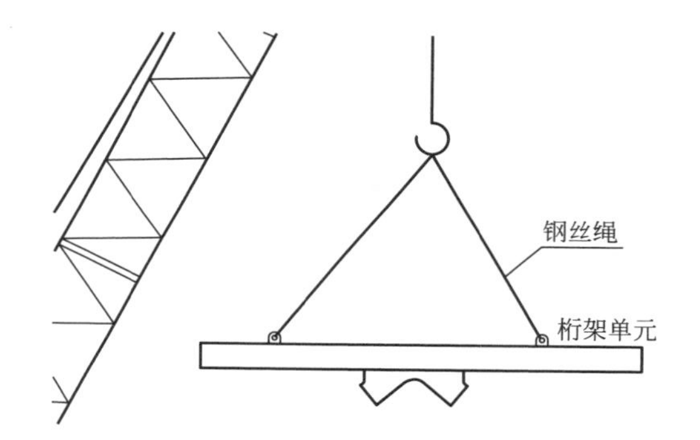

超高层钢桁架吊装示意图

超高层钢桁架单根吊装施工现场图

工艺说明

超高层钢桁架吊装分为两种形式：散件单根吊装和组拼成片状吊装。设置耳板，多点吊装。深化设计阶段模拟桁架分段和吊装，合理布置吊点位置，确定吊点数量。吊装绑钩时，在底部绑缚的钢丝绳上设置捯链，调整桁架吊装姿态，再行起钩。

030207 单板钢板剪力墙吊装

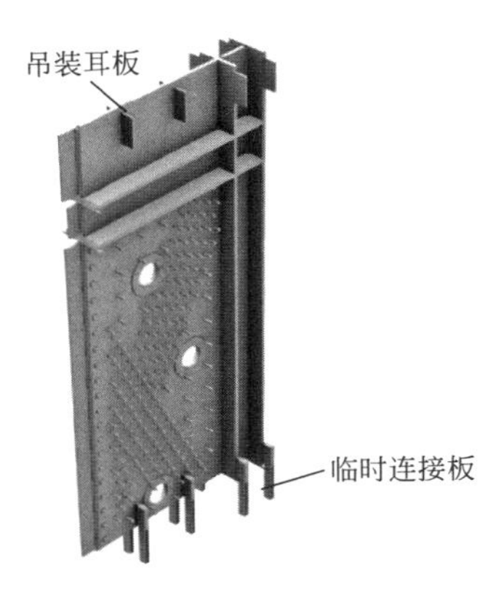

单板钢板剪力墙构造示意图

单板钢板剪力墙起吊施工现场图

工艺说明

单板钢板剪力墙上部设置吊装耳板，横向焊缝与竖向焊缝处一边布置临时连接板，另一边布置靠向板，辅助单板钢板剪力墙临时定位。单板钢板剪力墙底部垫枕木，防止构件损坏。吊装完成后采用安装螺栓进行初步固定，待固定完毕后起重机方可松钩。

030208 箱形钢板剪力墙吊装

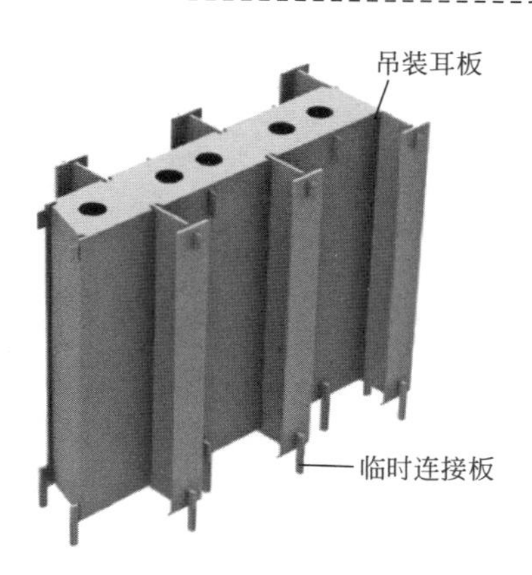

箱形钢板剪力墙构造示意图

箱形钢板剪力墙吊装施工现场图

工艺说明

根据构件长度，于箱形钢板剪力墙顶部合理布置吊点。焊缝处设置临时连接板，辅助箱形钢板剪力墙临时定位。

030209 钢筋桁架模板吊装

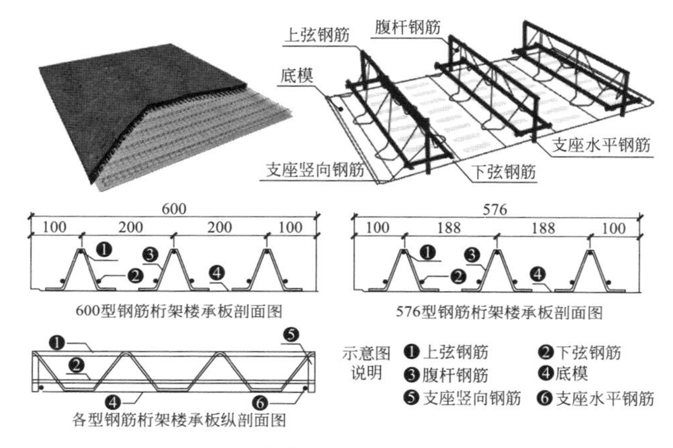

钢筋桁架模板构造图

钢筋桁架模板吊装施工现场图

工艺说明

钢筋桁架模板到场后，按要求堆放，采取保护措施，防止损伤及变形。无保护措施时，避免在地面开包，转运过程要用专用吊具进行吊装，并做好防护措施。在装、卸、安装过程中严禁用钢丝绳捆绑起吊，吊点在固定支架上。运输及堆放应有足够的支点，以防变形。

030210 压型钢板吊装

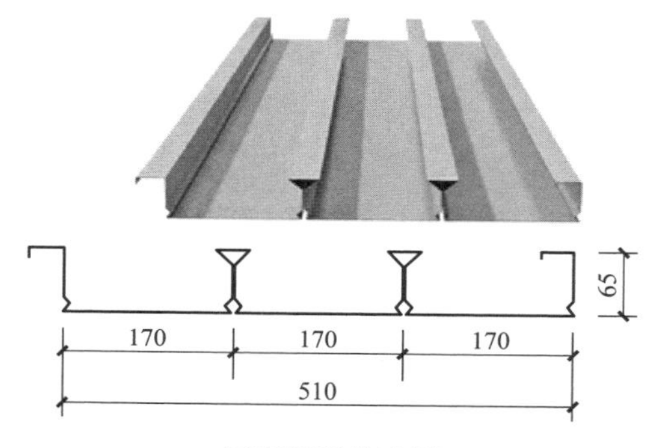

压型钢板构造图

压型钢板吊装施工现场图

工艺说明

压型钢板在打包时必须有固定的支架，有足够多的支点，防止在吊运、运输及堆放的过程中变形，用吊带等将压型钢板分区吊装至安装区域，严禁用钢丝绳捆绑在压型钢板上直接起吊。

030211 屋盖钢管桁架吊装

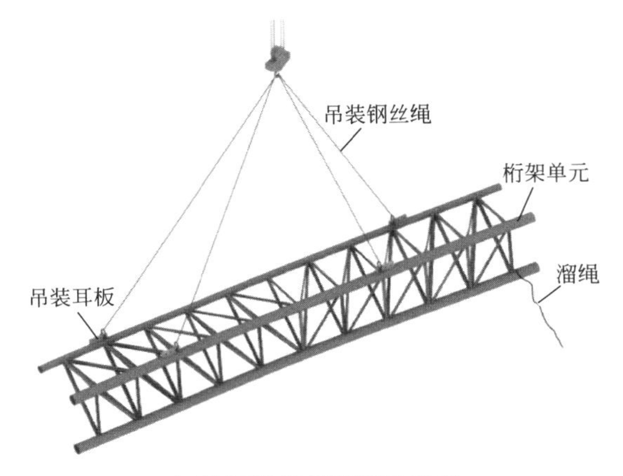

屋盖钢管桁架吊装示意图

屋盖钢管桁架吊装施工现场图

工艺说明

合理布置屋盖钢管桁架的吊点位置和数量，多点吊装，用钢丝绳进行绑扎，并对绑扎点处原构件采取有效的保护措施。钢管桁架上系溜绳，确保起吊安全，辅助定位。起吊后经姿态调整，将起吊构件缓慢调至安装位置上方，缓缓落钩，使屋盖钢管桁架安全落于支承上。

030212 屋盖网架吊装

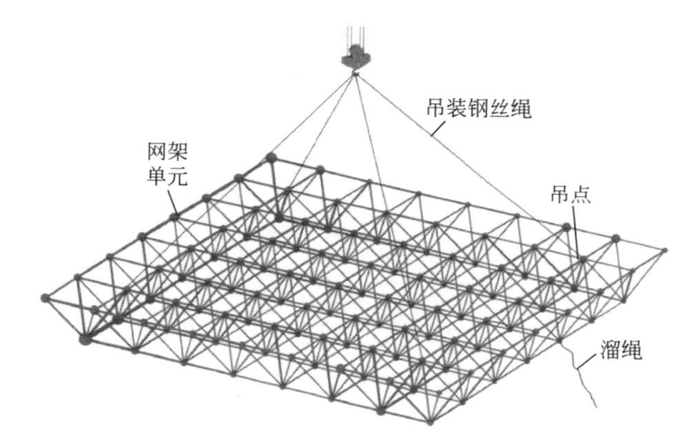

屋盖网架吊装示意图

屋盖网架吊装施工现场图

工艺说明

在深化设计阶段，模拟屋盖网架分段和吊装过程，充分考虑屋盖网架吊装过程中的吊装变形，合理布置吊点的位置，确定吊点数量，并对绑扎点处原构件采取有效的保护措施。起吊前必须试起吊。将屋盖网架吊起离地一定距离后静止一定时间，确认无误后，方可正式起吊。

030213 网格结构吊装

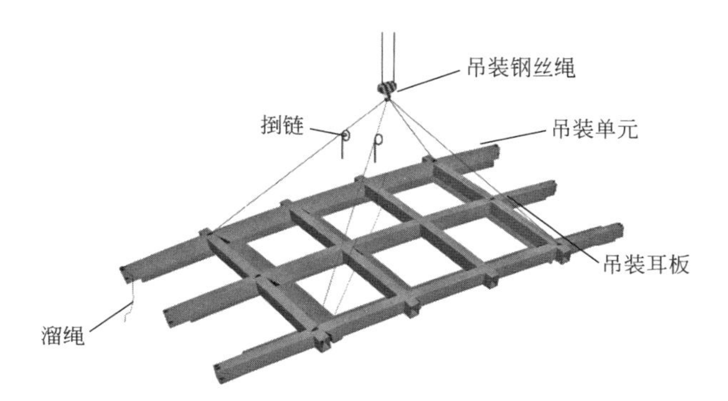

网格结构吊装示意图

网格结构吊装施工现场图

工艺说明

在深化设计阶段，模拟网格结构的分段和吊装过程，充分考虑网格结构吊装过程中的吊装变形，合理布置吊点的位置，确定吊点数量，并对绑扎点处原构件采取有效的保护措施。起吊前必须试起吊。将网格结构吊起离地一定距离后静止一定时间，确认无误后，方可正式起吊。

第三节 • 单层钢结构安装工程

030301 钢柱安装

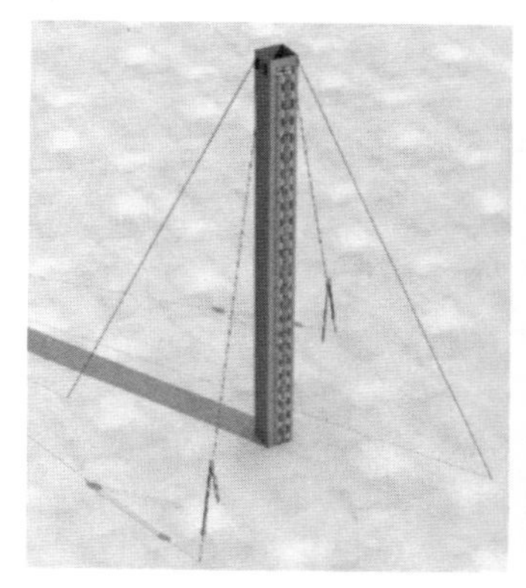

钢柱安装示意图

钢柱安装施工现场图

工艺说明

在钢柱柱脚基础表面弹线，确定纵横轴线位置和基准标高，并复核相邻柱间尺寸。吊装前，钢柱上提前备好钢爬梯、防坠器、缆风绳等安装设施，并做好钢柱表面污物清理。吊装就位后采用缆风绳和捯链进行临时固定，紧固安装螺栓后方可脱钩。钢柱垂直度校正采用经纬仪或全站仪检验，当有偏差时采用缆风绳和捯链进行调整。

030302 钢梁安装

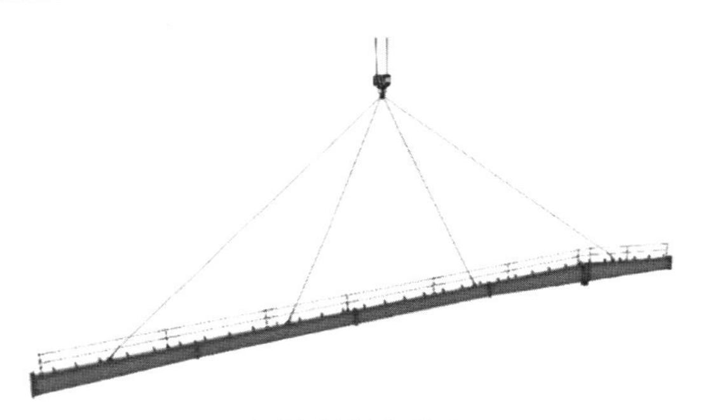

钢梁安装示意图

单层钢结构钢梁安装施工现场图

工艺说明

钢梁分区进行安装，安装顺序遵循先主梁后次梁、先下后上的原则。吊装前钢梁顶面拉通安全绳做好安全防护准备工作。吊装时采用两点或四点对称绑扎起吊，就位后采用安装螺栓临时连接固定。高强度螺栓安装顺序为从中间到两边，高强度螺栓紧固必须进行初拧和终拧。钢梁上下翼板焊接前，需将焊道周围 50mm 范围内的污物清除干净。

030303 门式刚架安装

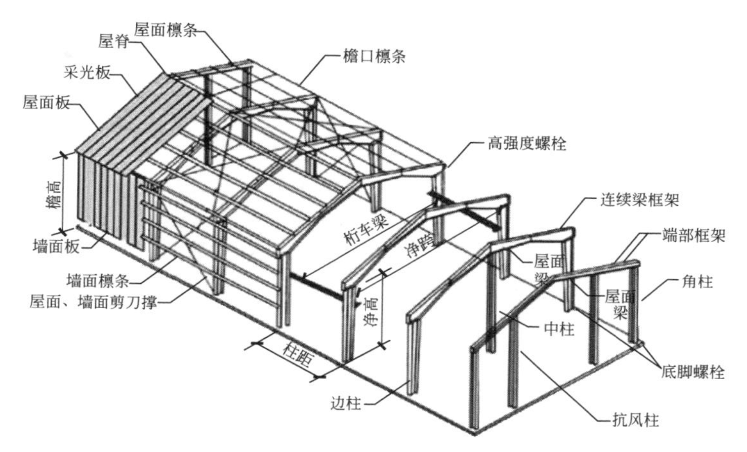

门式刚架结构示意图

门式刚架安装施工现场图

工艺说明

门式刚架按分区分阶段进行安装。钢柱安装就位后，相应区域的钢梁、支撑等主要构件应当尽快安装就位，使得整体形成稳定框架，钢梁、支撑等主要构件安装进度不可落后于钢柱安装进度过多。刚架安装、校正时，应考虑外界环境（风力、温差等）的影响。

第四节 • 多层及高层钢结构安装工程

030401 框架—核心筒结构施工工序

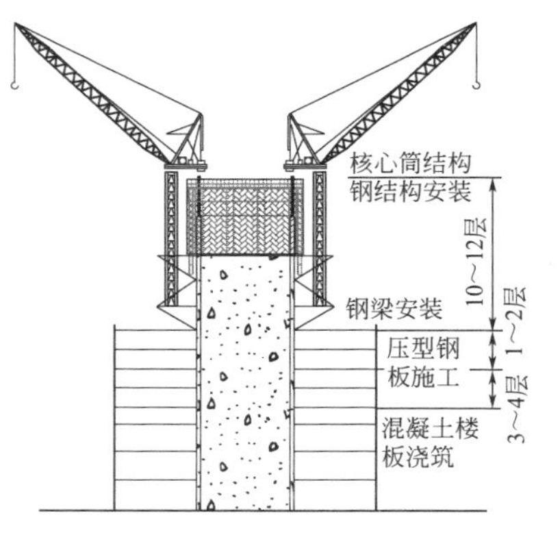

施工流水示意图（塔式起重机外挂）

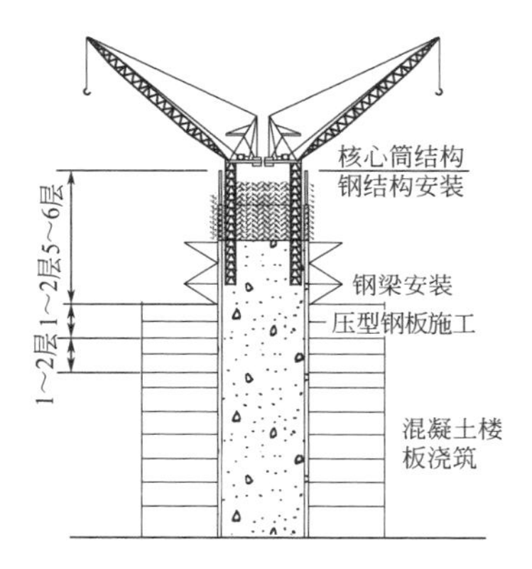

施工流水示意图（塔式起重机内爬）

施工现场图（塔式起重机外挂）

施工现场图（塔式起重机内爬）

工艺说明

钢结构与其他土建结构的交叉施工主要表现在两者间的施工高差。整体施工先后顺序为：首先为核心筒劲性钢柱安装的施工；其次为核心筒混凝土结构的施工；再次为外框结构的施工；最后为楼面钢梁、压型钢板、混凝土浇筑的施工。

030402 多腔体钢柱安装

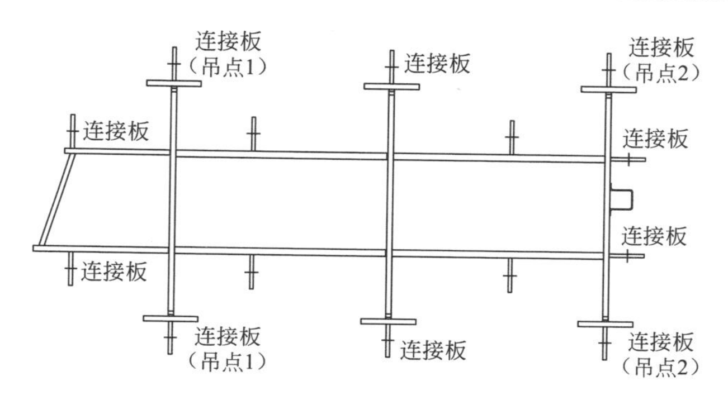

多腔体钢柱吊点设置示意图

多腔体钢柱安装施工现场图

工艺说明

合理设置吊装吊耳及翻身吊耳。若满足人进入箱体内焊接条件，设置抽风机通风；一人焊接，一人巡视，每隔固定时间更换焊工；注意跳腔焊接，防止腔体内温度过高，对构件及焊工造成不良影响。若不满足人进入箱体内焊接条件，应设置手孔或人孔进行焊接。

030403 巨型斜柱安装

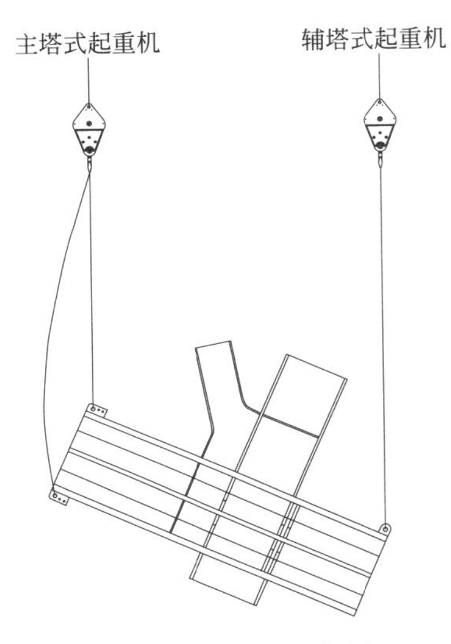

巨型斜柱安装示意图

巨型斜柱安装施工现场图

工艺说明

巨型斜柱安装就位后，使用安装螺栓固定，通过捯链、缆风绳、千斤顶等进行调节，全站仪进行坐标定位，完成巨型斜柱校正并焊接。巨型斜柱就位后，需及时与其相连的钢梁连接，或采用双夹板自平衡技术和搭设临时支撑，以保证巨型斜柱稳定。

030404 环桁架安装

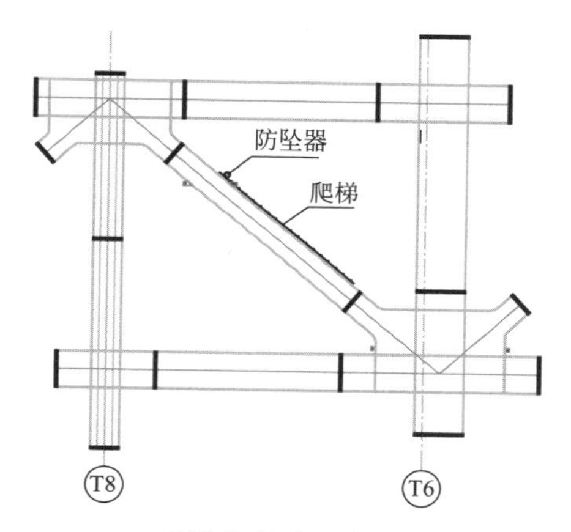

环桁架构造示意图

环桁架安装施工现场图

工艺说明

建议在制造厂内进行预拼装，保证对接精度。根据吊装设备和工期要求合理选择散件吊装或成片吊装。根据施工吊装需求进行合理分段。吊装就位后使用连接板进行临时固定，测量校正后进行焊接。

030405 伸臂桁架安装

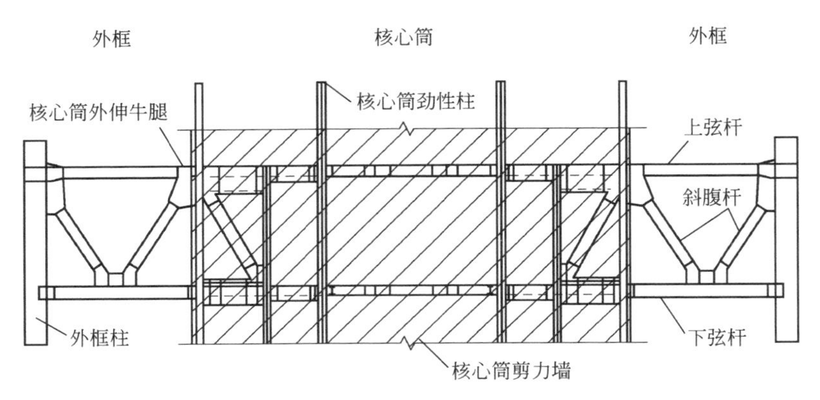

伸臂桁架构造示意图

伸臂桁架安装施工现场图

工艺说明

伸臂桁架分为两部分，一部分埋置于核心筒内，另一部分连接核心筒与外框结构。核心筒内伸臂桁架的安装，需注意与其他结构安装的配合与协调，预留模板体系的操作空间。

030406 钢板剪力墙安装

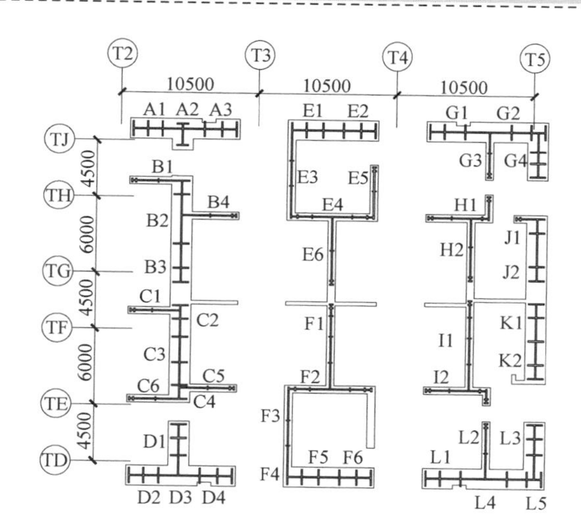

钢板剪力墙构造示意图

钢板剪力墙安装施工现场图

工艺说明

钢板剪力墙吊装就位后，使用连接板进行临时固定。钢板剪力墙焊接时先焊接水平对接缝，焊接完成并冷却后，再对竖向对接立缝进行焊接。立缝采用分段焊接法，并对称施焊以减小变形。

第五节 • 大跨度空间钢结构安装工程

030501 高空原位安装工艺

空间桁架高空原位分块安装施工现场图

平面桁架高空原位安装施工现场图

网壳高空原位分片安装施工现场图

高空原位散件安装施工现场图

工艺说明

综合考虑胎架设置条件、设备性能及工期要求，将构件分成若干吊装单元，并合理安排吊装顺序，使每一个安装步骤中构件、胎架等所形成的临时结构为稳定的结构体系。整体建模进行施工过程分析，进行胎架选型，确保吊装单元在吊装时、卸钩后的受力状态，临时整体结构的应力、变形等满足规范要求。待结构形成完整体系后，进行卸载作业。

030502 提升施工工艺

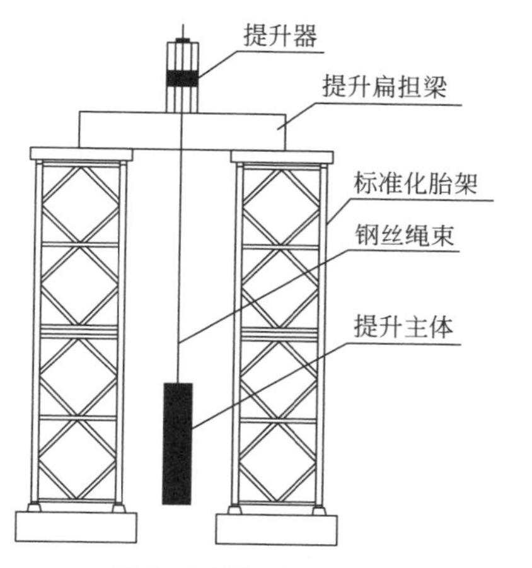

胎架支撑提升节点图

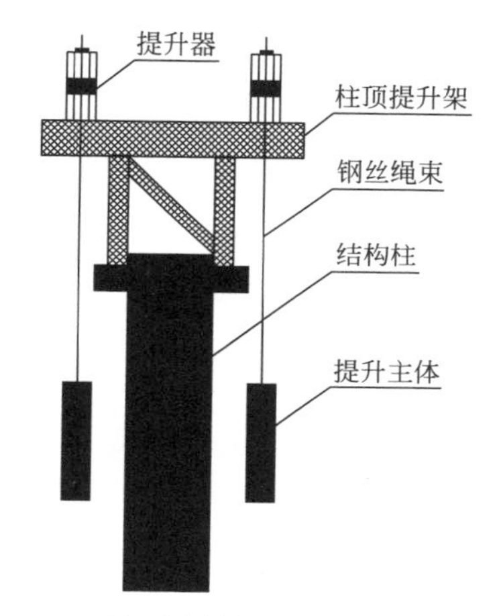

柱顶支撑提升节点图

胎架支撑提升施工现场图

柱顶提升施工现场图

工艺说明

根据钢结构尺寸、受力特点及提升支撑设置条件确定提升点及数量。正式提升前采用同步分级加载的方法进行试提升。钢结构离开胎架 20cm 左右，锁紧锚具，空中静置 12h，使结构应力重分布。检查应力、挠度是否与计算相符，是否有异响，确认无误后，再进行正式提升。提升时监控所有提升吊点标高，保证提升的同步性。

另需综合对比高空原位安装、整体提升的可行性、经济性。

030503 胎架滑移施工工艺

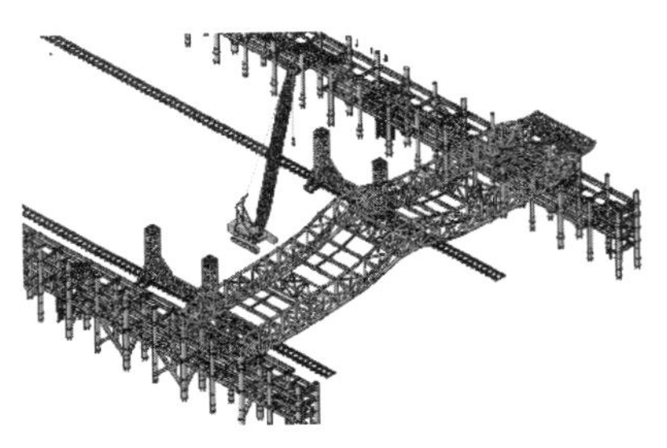

胎架滑移施工工艺示意图

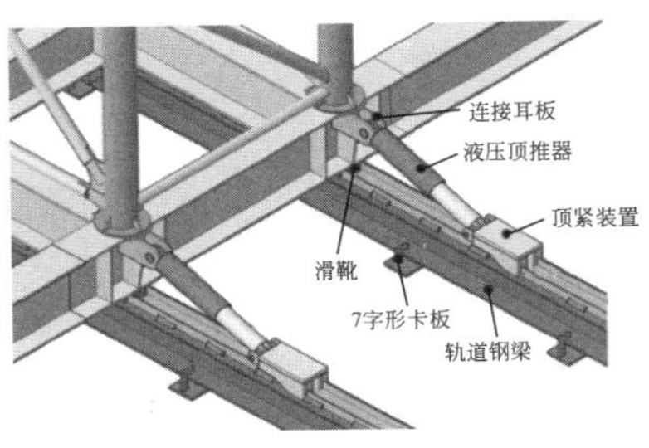

顶推器夹紧装置示意图

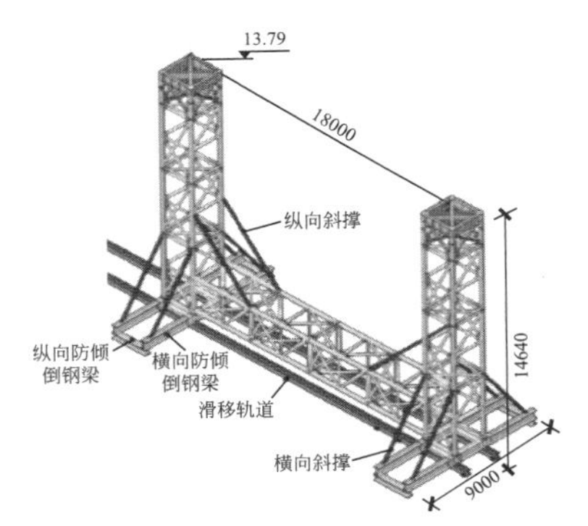

胎架滑移大样图

胎架滑移施工现场图

工艺说明

轨道必须铺设于坚固平整的面板或梁上，同时钢结构最好为两榀及以上，保证临时结构的整体稳定。

待胎架上部钢构件安装焊接完成，验收合格后卸载使结构与胎架脱离，检查支座与轨道卡位状况、顶推器夹紧装置与轨道夹紧状况。顶推器加载，使胎架滑移至下榀安装位置。

030504 结构滑移施工工艺

轨道及端部拼装施工现场图

首推部分于端部拼装施工现场图

累积滑移施工现场图

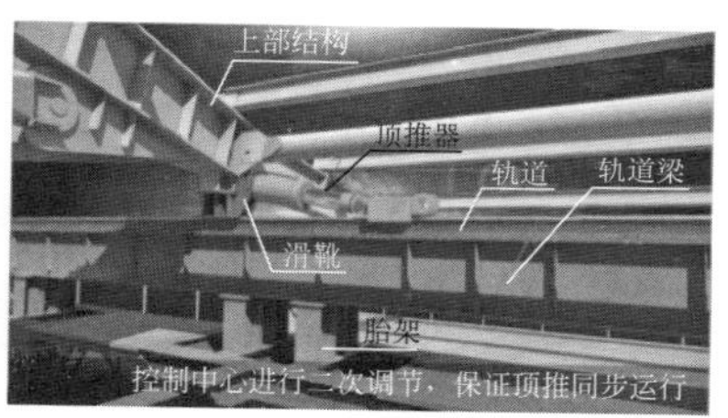

结构滑移装置示意图

工艺说明

主要适用于仅端部可吊装或原位吊装工作量大、不经济等情况的结构累积滑移施工。

在端部拼装胎架及布设轨道梁、轨道；结构分区拼装，验收合格后卸载，与胎架脱离；顶推器与滑靴连接，检查顶推器夹紧装置与轨道夹紧状况；顶推器加载，结构整体滑移至相应位置。

滑移过程中应密切注意各系统工作状态，监测各滑移点是否同步，不同步时通过调整各顶推器推力进行微调。

030505 结构胎架整体滑移施工工艺

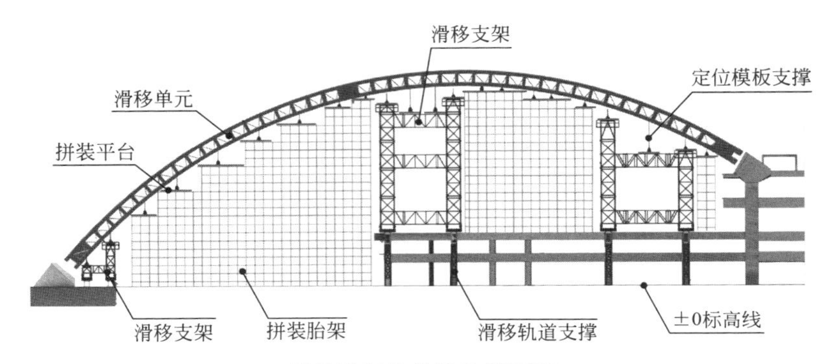

结构胎架整体滑移截面图

滑移施工工艺现场施工图

工艺说明

下部结构需要有足够的承载能力、刚度以铺设滑移专用轨道。胎架与结构需固定牢固，胎架、调节段均需有足够的侧向刚度，同时控制胎架的高宽比，避免倾覆。通过计算机控制系统实现同步滑移，监测滑移支架与结构单元情况，确保滑移安全。

030506 钢拉索安装工艺

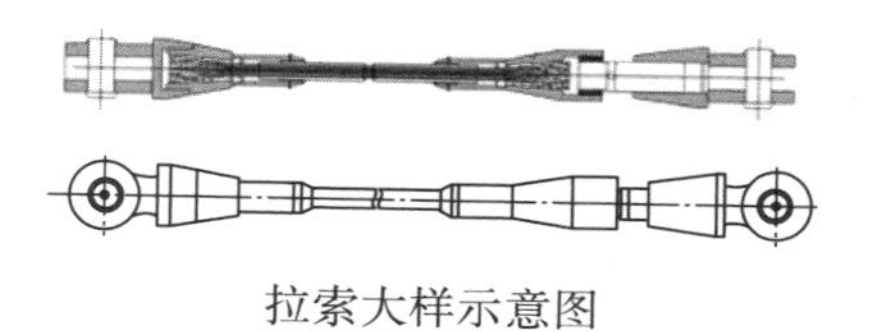

拉索大样示意图

环索索夹施工现场图

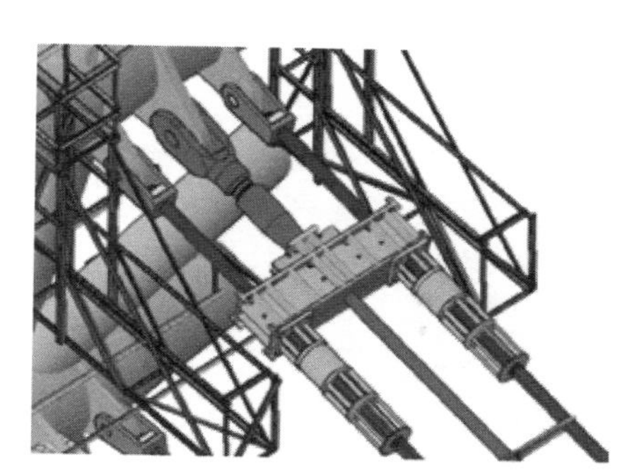

张拉钢拉索施工示意图

张拉钢拉索施工现场图

工艺说明

钢拉索在地面用展索盘展索并置于投影位置，整体牵引提升、高空分批或逐根进行张拉，张拉顺序需计算复核确定。拉索不得弯折，张拉完成后拱度及挠度偏差不宜大于设计值的5%，索力偏差不宜大于设计值的10%。

030507 膜结构安装工艺

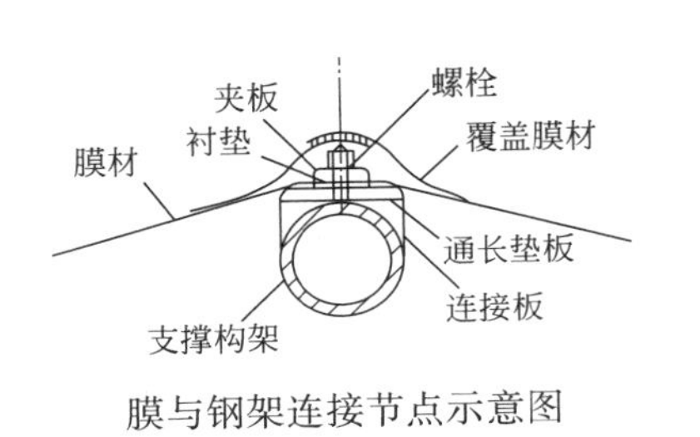

膜与钢架连接节点示意图

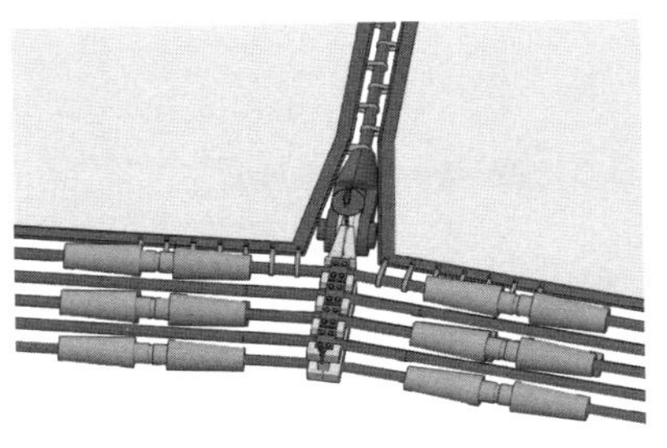

膜与索连接节点示意图

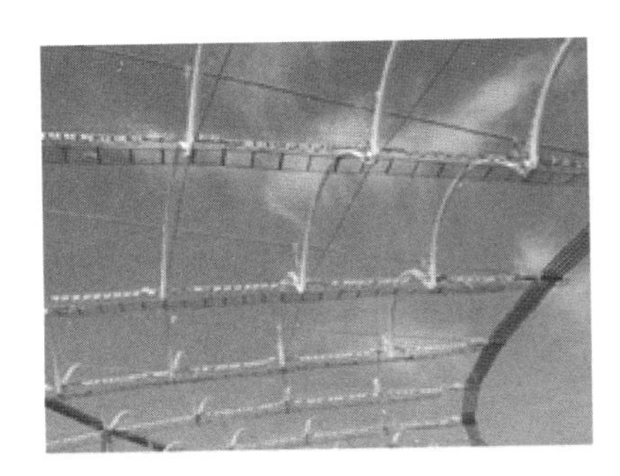

绳网及支撑施工现场图

膜施工完成效果图

工艺说明

①膜结构地面展开及临时折叠；②膜结构吊装；③膜结构高空展开；④膜结构高空组装；⑤膜结构与钢拱边安装张拉；⑥膜结构与索边安装张拉；⑦膜结构张拉调整；⑧盖口膜结构安装；⑨膜结构清洗。

030508 球铰支座安装工艺

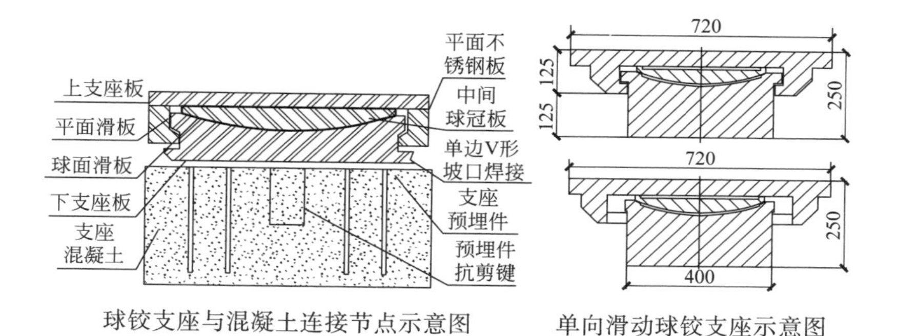

球铰支座与混凝土连接节点示意图　　单向滑动球铰支座示意图

球铰支座施工现场图

球铰支座焊接施工现场图

工艺说明

球铰支座分固定铰支座、单向滑动铰支座、双向滑动铰支座等，钢结构安装时不可打开球铰支座滑动自锁装置，卸载前是否打开需根据设计说明确定。

球铰支座安装前应检查支座下部埋件标高及水平度以保证球铰支座水平度。安装时在球铰支座及埋板上画十字中心线，便于安装校正。与埋板焊接连接时，应对称跳跃施焊。

030509 卸载工艺

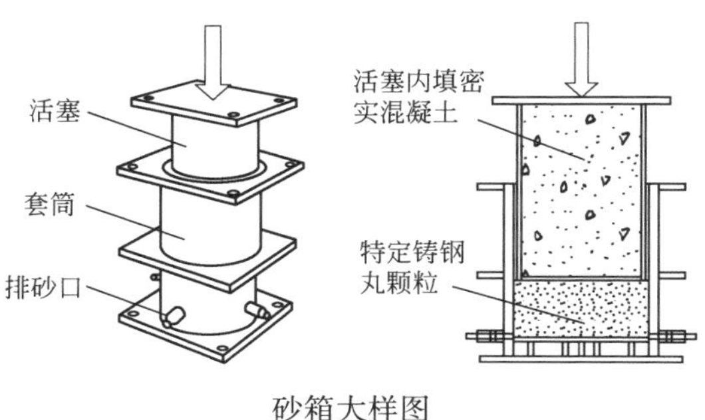

砂箱大样图

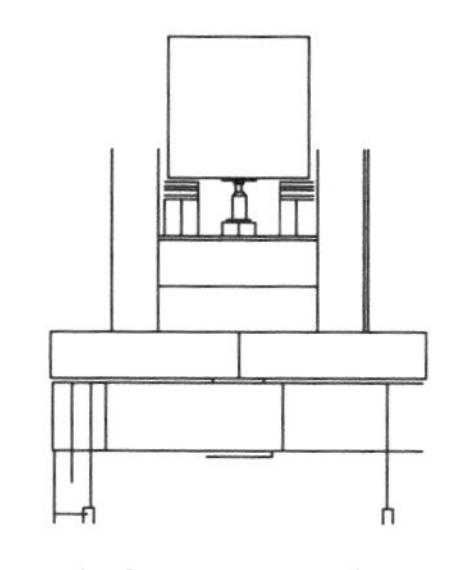

千斤顶垫片示意图

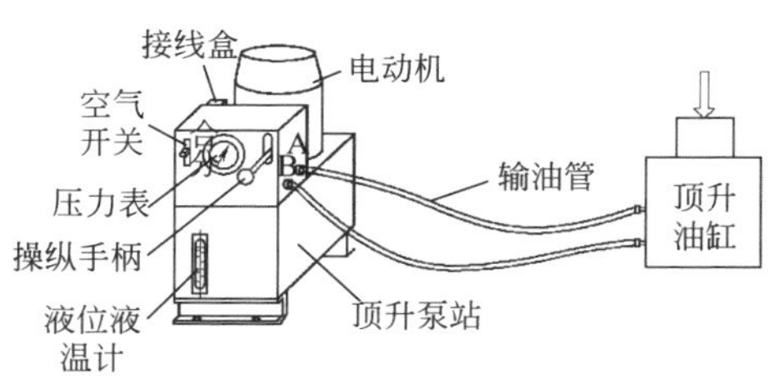

数控液压同步卸载大样图

砂箱卸载施工现场图

工艺说明

卸载即胎架逐渐卸载、结构逐渐加载、内力重分布的过程，卸载过程要求缓慢、匀速。跨度小、反力小的结构使用传统火焰切割卸载，分级切割，直至结构与胎架脱离。卸载点反力小的结构使用千斤顶卸载，操作千斤顶使结构回落，达到卸载目的；卸载点反力大的结构使用砂箱卸载，打开排砂口，压迫砂粒通过排砂口流出，使结构缓慢下落，直至脱离胎架。对同步性要求高的结构使用数控液压卸载，利用数控液压系统控制液压千斤顶缓慢同步回落，直至卸载完成。

第六节 ● 模块化钢结构安装工程

030601 箱体安装工艺

箱体展示图

箱体安装施工现场图

工艺说明

箱体安装前，先复核箱底埋件位置与标高，并在埋件顶部钢板上标出位置与标高的偏差数据与方向。完成上述工作后，在箱底埋件顶部进行箱体安装时的定位放线，并做好标记。标记完成后，进行箱体的安装，待箱体就位后，调整箱体位置与标高。调整完成后，将箱体底部与箱底埋件焊接牢固。焊接完成后，再次复核箱体的位置与标高。

030602 钢结构模块安装工艺

钢结构模块实拍图

钢结构模块安装施工现场图

钢结构模块组拼施工现场图

工艺说明

为减少高空作业，采用地面拼装后，采用整体提升的施工方法安装巨型模块。先将拼装位置找平，做好预放置模块的定位放线后，使用SPMT运输车将模块依次转移至指定位置，借助SPMT运输车进行微调，确保模块的定位、连接满足要求后，使用临时连接板将各个模块连接固定。再次复核模块整体尺寸并进行微调，检查无误后，将各个模块连接口焊接。确保模块整体尺寸和提升前状态满足要求后使用整体提升方式逐步提升安装就位。

第七节 • 压型钢板安装工程

030701 钢筋桁架模板安装

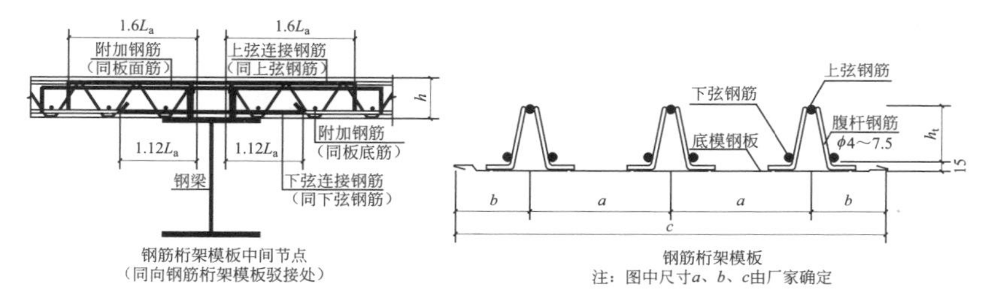

节点和剖面示意图

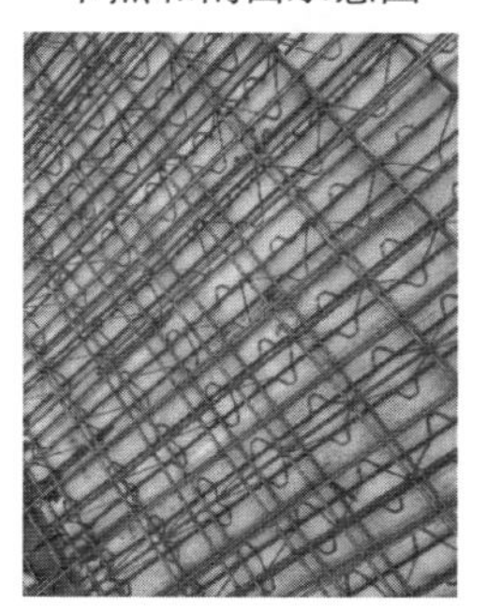

钢筋桁架模板安装施工现场图

工艺说明

根据钢梁的中心线弹出钢筋桁架楼承板控制线后，对准基准线安装第一块板，并依次安装其他板。钢筋桁架模板就位后，应立即将其端部竖向钢筋与钢梁点焊牢固。铺设一定面积后，必须及时绑扎板底筋，以防钢筋桁架侧向失稳。板端及板边与梁重叠处，不得有缝隙。如遇钢筋桁架模板因有翘起而与母材的间隙过大，可用手持杠杆式卡具对钢筋桁架模板邻近施焊处局部加压，使之与母材贴合。

030702 压型钢板安装

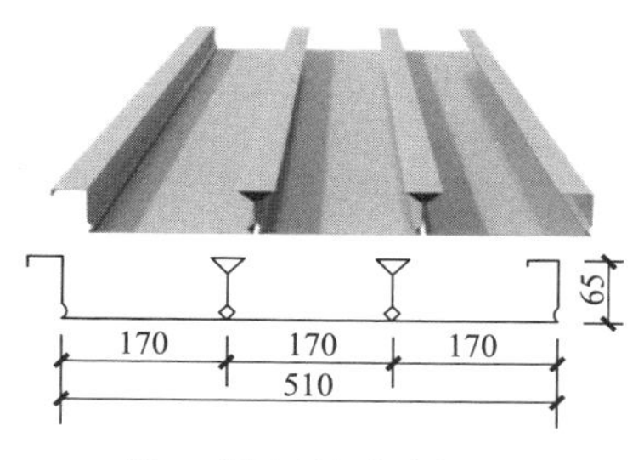

闭口型压型钢板剖面图

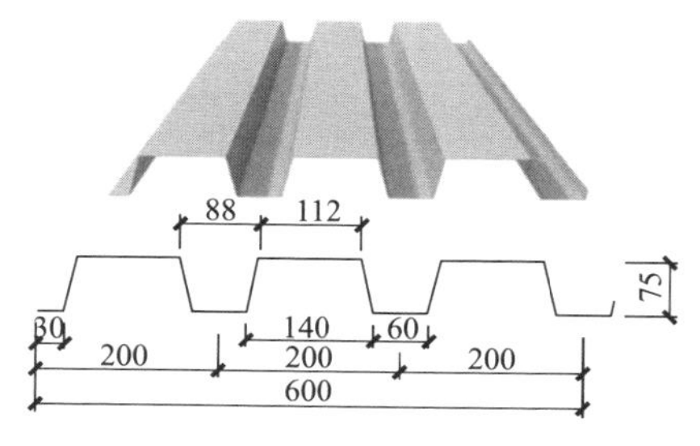

开口型压型钢板剖面图

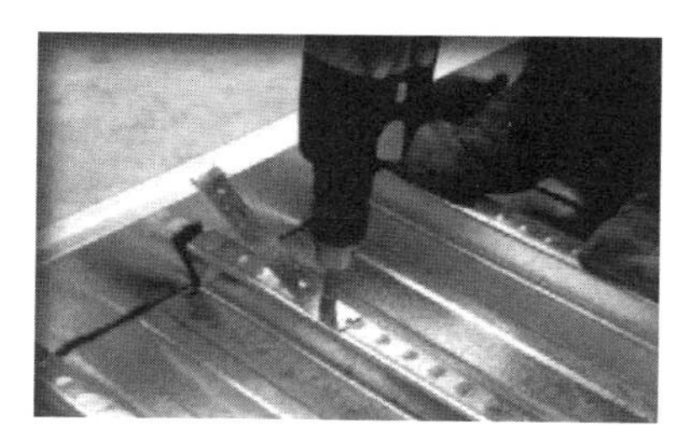

压型钢板安装（安装压条）施工现场图

压型钢板安装（边缘切割）施工现场图

工艺说明

压型钢板分为闭口型压型钢板和开口型压型钢板，本工艺仅对开口型压型钢板的安装展开说明。安装压型钢板前，在钢梁上标出压型钢板铺放的位置线。铺放压型钢板时，相邻两排压型钢板端头的波形槽口应对准。吊装就位后，先从钢梁已弹出的位置线开始，沿铺设方向单块就位铺设，到控制线后适当调整板缝。为保证收边板的稳定性，在安装收边板时应设置拉条。每个开口卡槽处应扣紧，并在其上方安装压条，以确保其紧密连接，不脱落。端部的压型钢板应将其端口进行封堵，以确保在浇筑混凝土时不会发生漏浆。

第四章　钢结构测量

第一节 • 控制网建立

040101 平面控制网设置

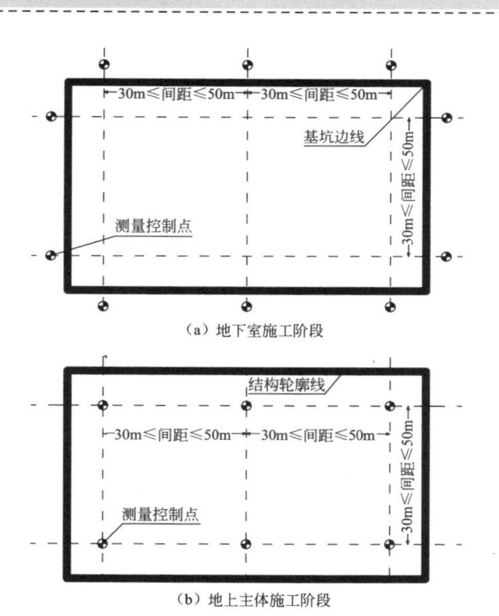

平面控制网设置示意图

施工工艺说明

平面控制网中应包括作为场地定位依据的起始点和起始边、建筑物主点和主轴线，控制线间距以30～50m为宜。对于高层建筑，地下室施工阶段宜采用外控法，地上主体施工采用内控法。

040102 平面控制网设置实例

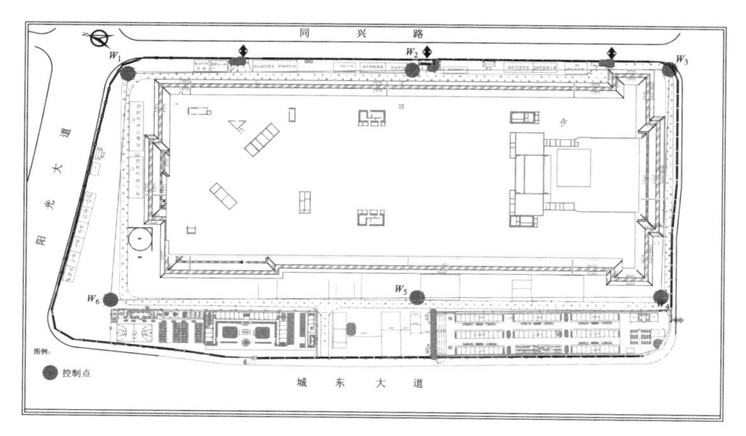

平面控制网设置示意图

平面控制网设置现场图

施工案例说明

靖江文化中心地下室阶段平面控制网沿建筑基坑周围环形道路设置，控制网设置完成后，整个施工现场实行内控，基坑和地下结构实行外控，并定期对控制网进行复测，相邻控制点间距控制在50m左右。

040103 高程控制网设置

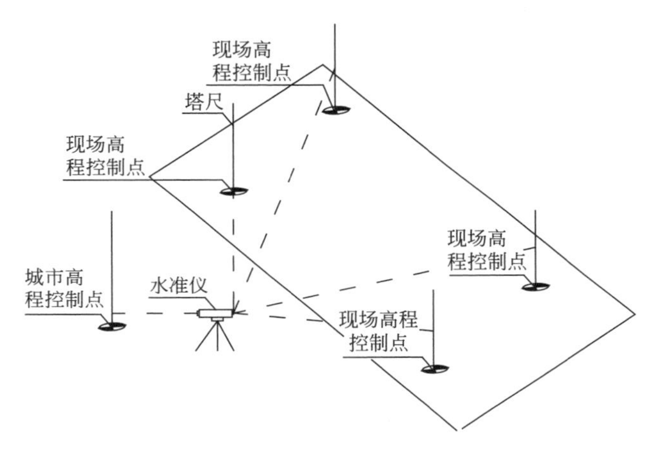

将城市高程控制点引测至施工现场示意图

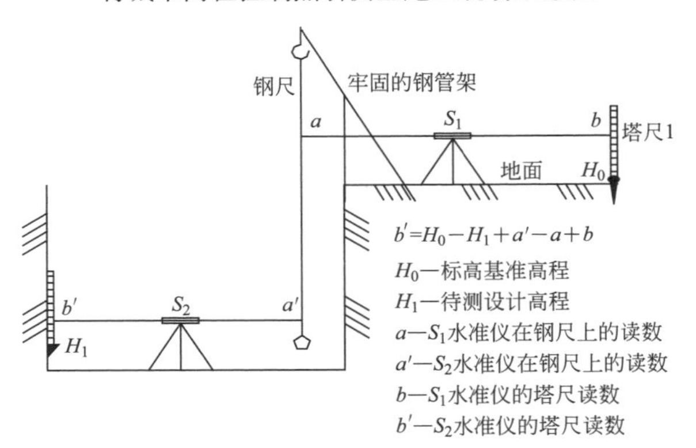

高程竖向传递示意图

工艺说明

首级高程控制网为建设单位提供的城市高程控制网，首级高程控制引测前应使用电子精密水准仪并采用往返或闭合水准测量方法复核。施工现场内布置二级高程控制网，作为施工现场测量标高的基准点使用。

040104 高程控制网设置实例

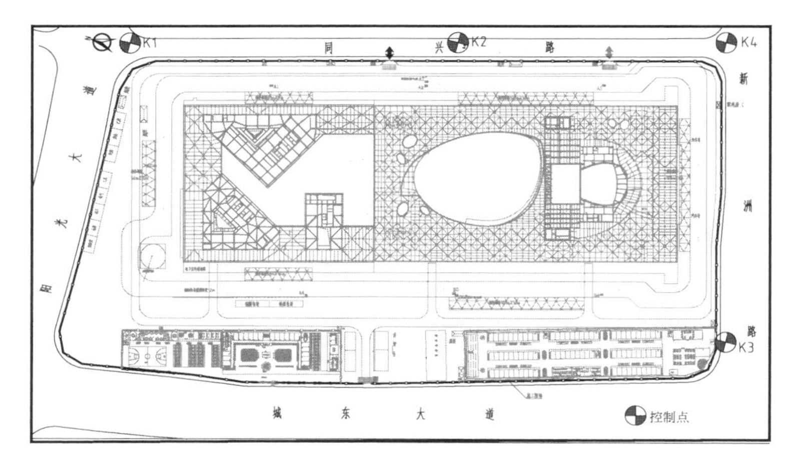

高程控制网设置示意图

高程控制网设置现场图

施工案例说明

靖江文化中心项目设置高程控制网时，采用DS03高精密自动安平水准仪将靖江市高程控制点引测至现场指定位置，采用往返闭合水准测量方法复核。

040105 平面控制网引测

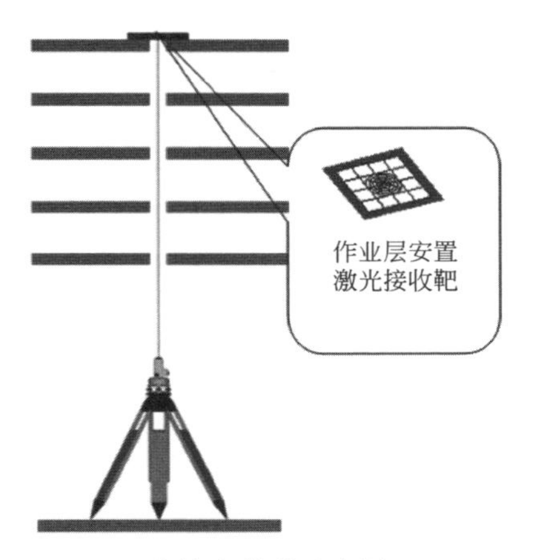

内控点传递示意图

平面控制点现场图

工艺说明

将激光垂准仪安置在已施工好的控制点上，对中整平后，仪器发射激光束，穿过楼板洞口直射到激光接收靶上。利用激光垂准仪将内控点投测到施工层后，用全站仪复核内控点间距离和各边角度，进行平差，确定点位。

040106 平面控制网引测实例

平面控制网引测现场图

施工案例说明

以河北开元环球中心项目平面控制网引测为例，架设仪器前，逐层清理楼板洞口遮挡物，将激光垂准仪安置在已施工好的控制点上，以90°为单位旋转仪器，在接收靶上分别捕捉标记，取4次激光点的几何中心即为本次投测的控制点。

040107 高程控制网引测

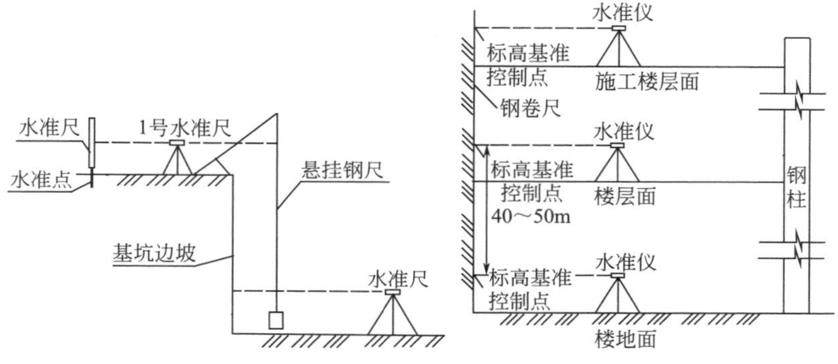

地下室施工阶段高程标高点引测示意图

地上主体施工阶段高程标高点引测示意图

高程控制网引测施工现场图

工艺说明

地下室施工阶段高程标高点引测：根据现场二级高程控制点向基槽内采用水准仪、水准尺和50m钢盘尺导引标高；地上主体施工阶段高程标高点引测：每40～50m划分为一个垂直引测阶段，然后通过50m钢盘尺顺着钢柱或核心筒垂直往上引测，然后引测到墙柱上。用全站仪等通过激光预留洞口垂直向上引测至测量操作平台，然后用水准仪将基准标高转移到剪力墙面距离楼层结构面+1.000m处，并弹墨线标识。

040108 高程控制网引测实例

高程控制网引测施工现场图

施工案例说明

沈阳茂业中心项目高程传递采用钢尺沿核心筒墙体向上引测，为保证精度每次至少向上引测三个控制点，每个点采取多次引测取平均值的办法来减少误差。控制点经平差闭合后作为楼层钢结构标高控制依据。

第二节 • 钢结构施工测量

040201 钢柱轴线测量

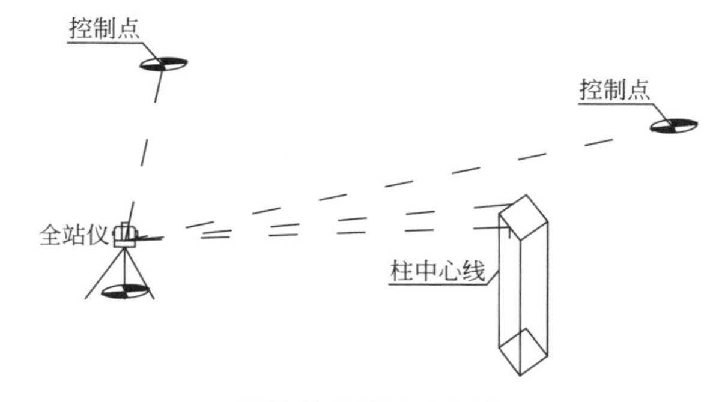

钢柱轴线测量示意图

钢柱轴线测量施工现场图

工艺说明

通常采用全站仪对外围各个柱顶进行坐标测量。将全站仪架设在投递引测上来的测量控制点或任意位置上，照准一个或几个后视点，建立本测站坐标系统，配合小棱镜、对中杆或激光反射片等测量各柱顶中心的三维坐标。

040202 钢柱轴线测量实例

钢柱轴线测量施工现场图

施工案例说明

河北开元环球中心项目钢柱轴线测量时，为减少钢结构施工过程中产生的振动对仪器精度的影响，利用夹具将全站仪固定在钢柱上。对于部分钢柱观测条件有限或仪器仰角过大时，采用弯管目镜进行辅助观测。

040203 钢柱标高测量

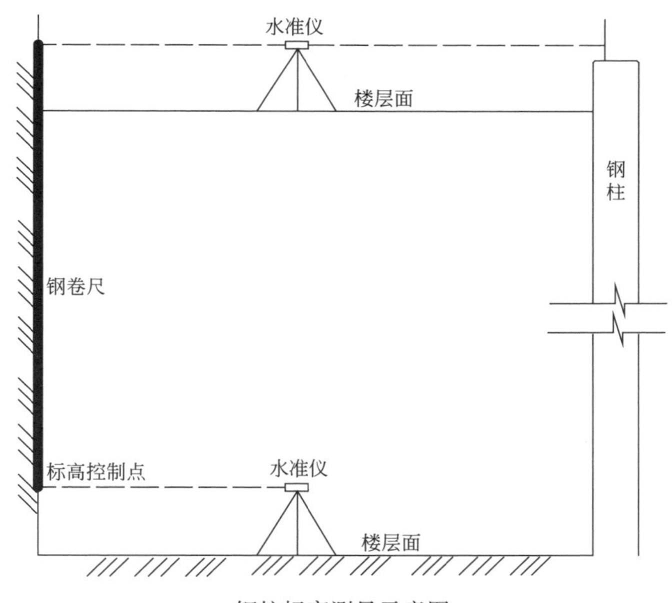

钢柱标高测量示意图

工艺说明

通常采用水准仪，先对后视读数，也就是把塔尺放在已知高程的水准点上，读出读数（记为后视读数）；再把塔尺放在要测的点上，读出读数（记为前视读数），然后计算柱顶实际标高。对于受条件限制无法采用水准仪的可以用全站仪进行测量。

040204 钢柱标高测量实例

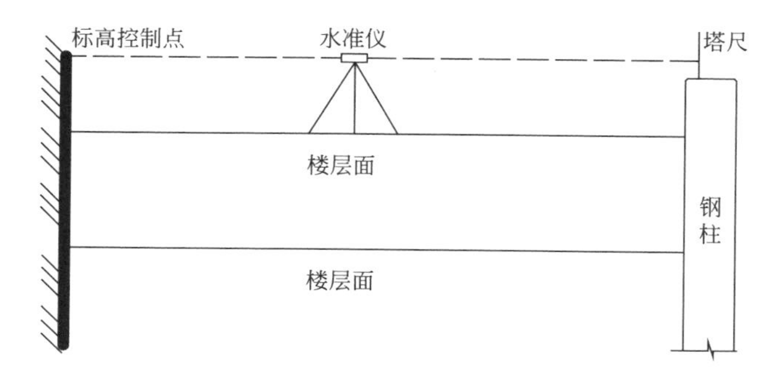

钢柱标高测量示意图

钢柱标高测量施工现场图

施工案例说明

沈阳茂业中心项目钢柱标高测量时，利用从基点引测至核心筒墙体上的楼层标高控制线进行测量，在钢柱焊接前后进行钢柱柱顶标高测量，每根钢柱测量 2～3 个点，记录最高点和最低点，为后续标高调整提供依据。

040205 钢柱垂直度测量

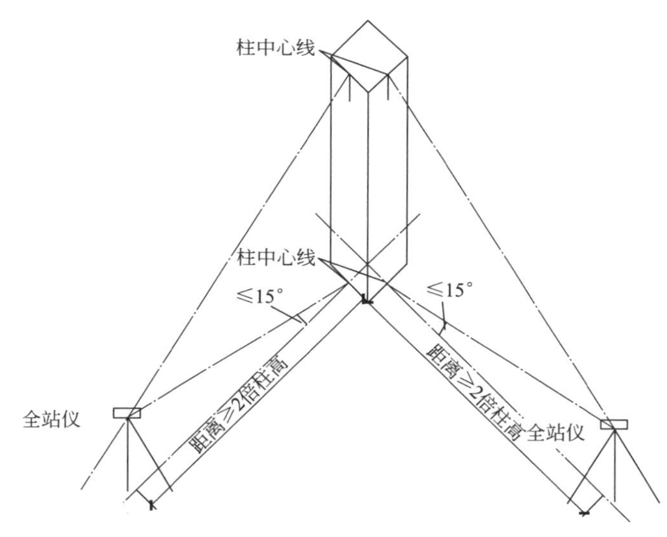

钢柱垂直度测量示意图

工艺说明

在柱身相互垂直的两个方向用全站仪照准钢柱柱顶处侧面中心点，然后求得该中心点的投影点与柱底侧面对应中心点的差值，即为钢柱此方向垂直度的偏差值。仪器架设位置与柱轴线夹角不宜大于15°，架设位置宜大于2倍柱高。

040206 钢柱垂直度测量实例

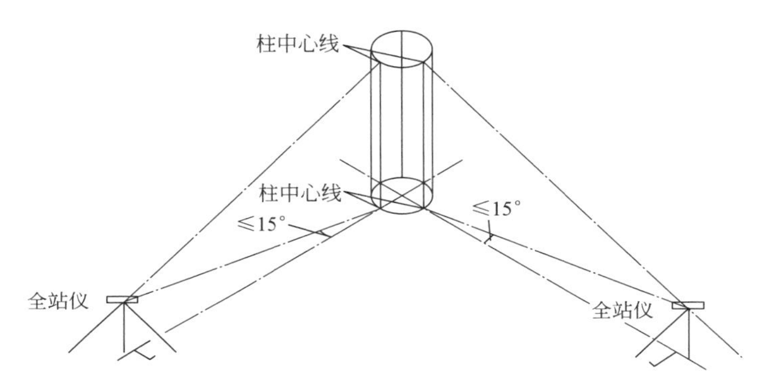

钢柱垂直度测量示意图

钢柱垂直度测量现场图

施工案例说明

沈阳茂业中心项目钢柱垂直度测量时，对圆管柱中心线进行标记，在柱身相互垂直的两个方向用全站仪照准钢柱柱顶处侧面中心点，然后求得该中心点的投影点与柱底侧面对应中心点的差值，即为此方向垂直度的偏差值。

第三节 • 常见测量问题原因及控制方法

040301 测量标高偏差超差控制

通病照片

合格照片

工艺说明

原因：(1) 基础测量控制网、基础测量放线、找标高存在失误、偏差；(2) 基础支设的模板不牢固，浇筑混凝土下料过高、混凝土振捣撞击使模板移位，造成基准线产生偏差；(3) 使用钢尺、经纬仪、水准仪未经校验，存在误差。

标准：见《钢结构工程施工质量验收标准》GB 50205—2020 中单层、多高层钢结构安装工程章节。

控制方法：埋件构件安装完成后及时复测柱顶标高，消除累计误差；加强构件进场验收。

040302 垂直度偏差过大控制

通病照片

合格照片

工艺说明

原因：制造尺寸超差，安装顺序不当，焊接施工的影响导致垂直度偏差过大。

标准：单节钢柱垂直度允许偏差（h/1000）mm，且≤10mm。

控制方法：加强构件进场验收，焊接过程采取合理的焊接顺序，避免因焊接应力导致钢柱垂直度偏差过大，必要时采取防变形措施限制焊接变形。

040303 钢柱对接错口超差控制

通病照片

合格照片

工艺说明

原因：构件制造尺寸超差；现场安装校正操作有误。

标准：上下柱连接处的错口偏差≤（$t/10$）mm，且不大于3mm。

控制方法：加强构件进场验收，加强交底培训，强化过程监督。

040304 节点接头间距超差控制

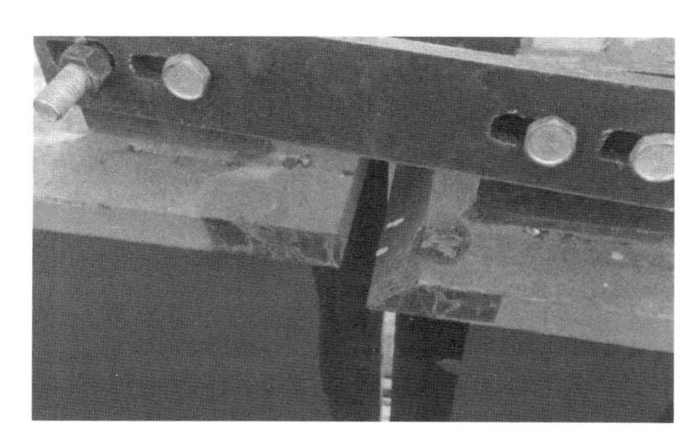

通病照片

合格照片

工艺说明

原因：未对扭转、错口、错边、焊缝间隙等进行全面校正；构件制造尺寸超差。

标准：现场焊缝无垫板时，间隙允许偏差 0～+3.0mm；现场焊缝有垫板时，间隙允许偏差−2.0～+3.0mm。

控制方法：构件校正应考虑四周对接质量情况，在规范允许的误差范围内将正偏差与负偏差进行校正；加强构件进场验收。

第五章　钢结构焊接

第一节 ● 焊接工艺评定

050101 施焊位置分类

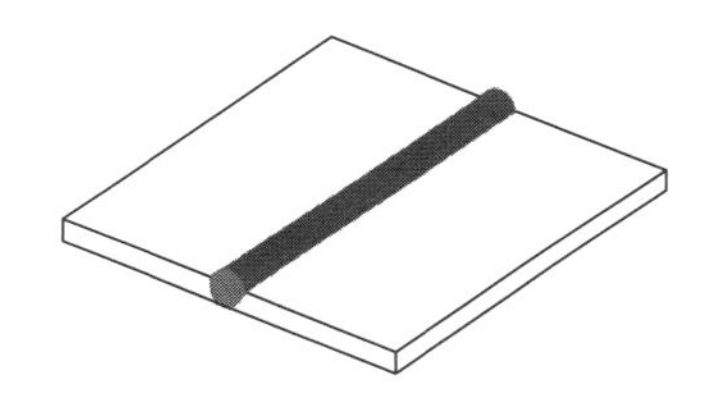

平焊位置（F）示意图

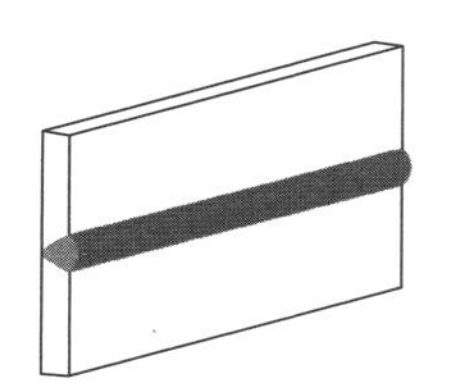

横焊位置（H）示意图

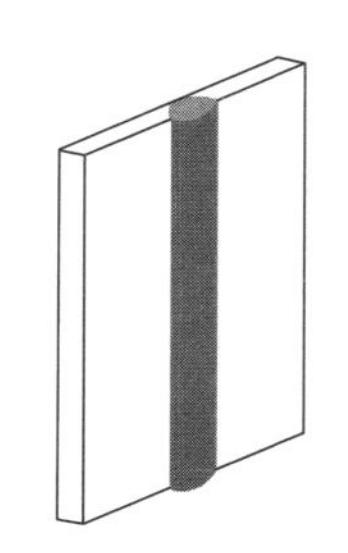

立焊位置（V）示意图

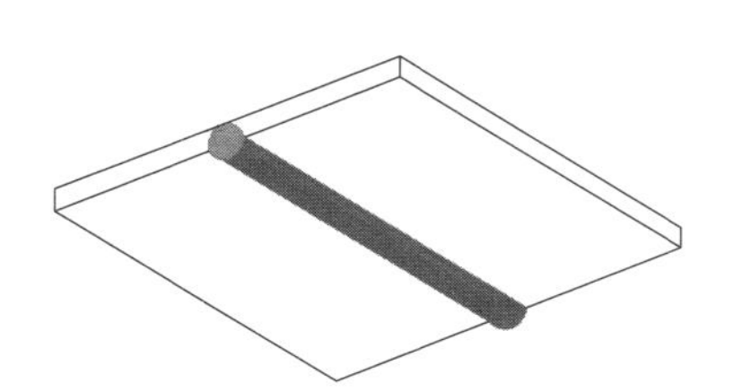

仰焊位置（O）示意图

平焊位置（F）施工现场图

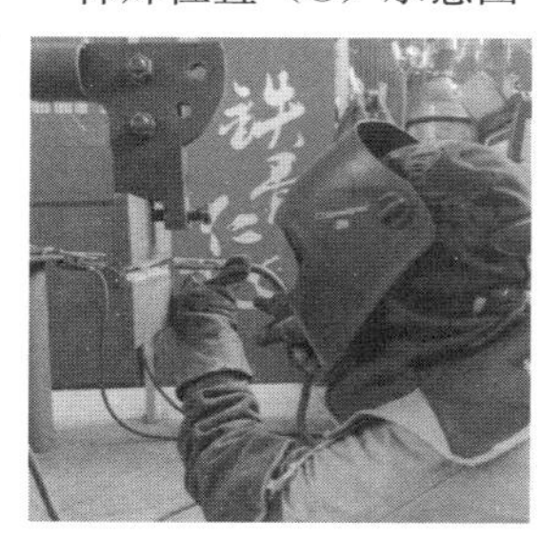

横焊位置（H）施工现场图

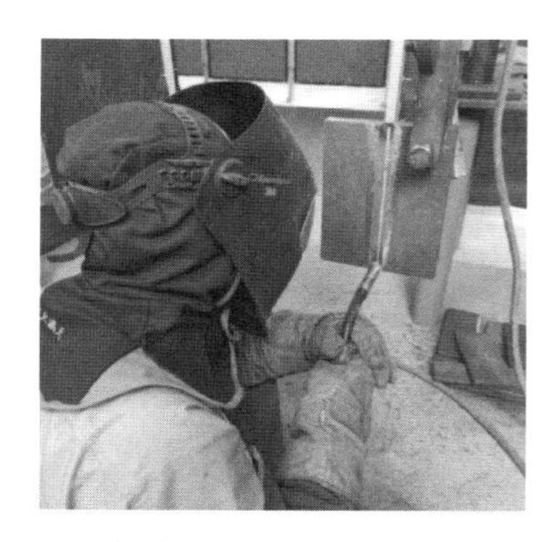

立焊位置（V）施工现场图

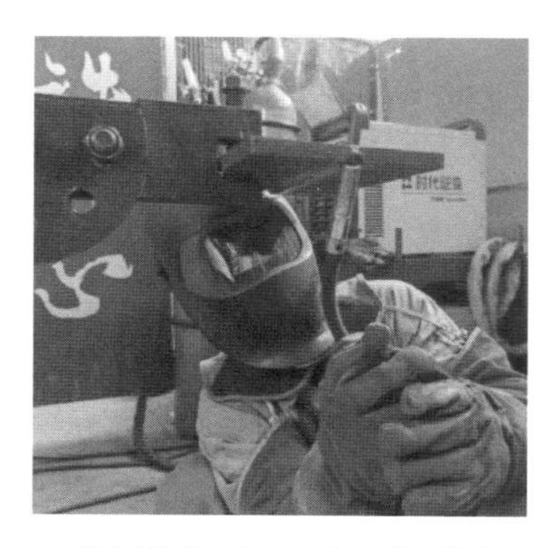

仰焊位置（O）施工现场图

施焊位置分类表

焊接位置		代号	板材位置	焊缝位置
板材	平	F	板平放	焊缝轴水平
	横	H	板横立	焊缝轴水平
	立	V	板 90°放置	焊缝轴垂直
	仰	O	板平放	焊缝轴水平

工艺说明

板材对接试件焊接位置总计分为 4 类，分别为平焊、横焊、立焊、仰焊。平焊时板材平放、焊缝轴水平；横焊时板横立、焊缝轴水平；立焊时板呈 90°放置、焊缝轴垂直；仰焊时板平放、焊缝轴水平。

050102 工艺评定试件选择

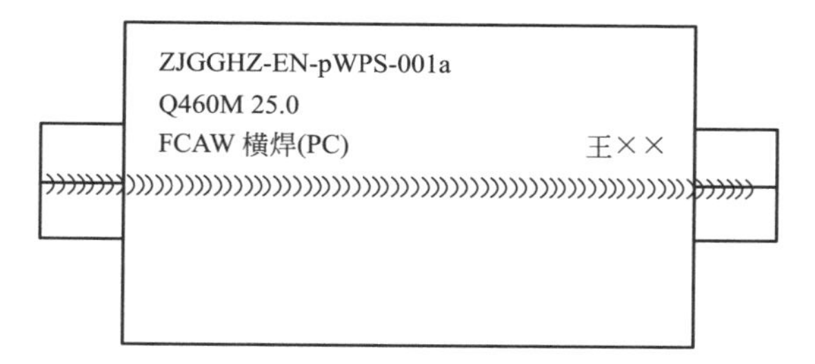

工艺评定试件示意图

工艺评定试件实物图

工艺说明

工艺评定试件应根据钢结构的焊接接头形式、钢材类型、规格、采用的焊接方法、焊接位置、焊接环境、焊材类型等综合确定。工艺评定试件确定时，要考虑尽可能少的试验项目，满足生产发展所需要的工艺评定覆盖范围。

050103 焊接接头形式

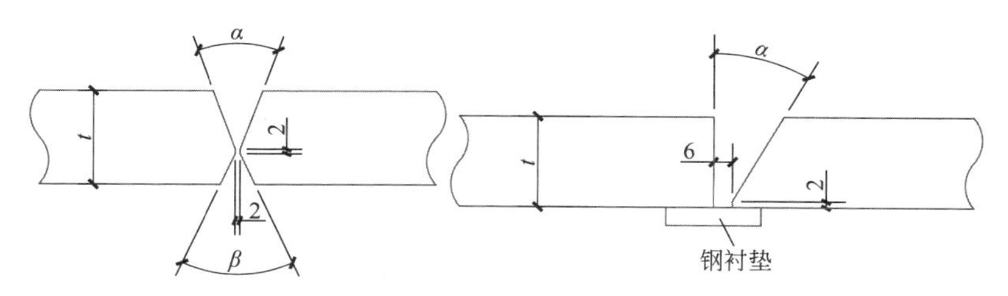

对接接头示意图

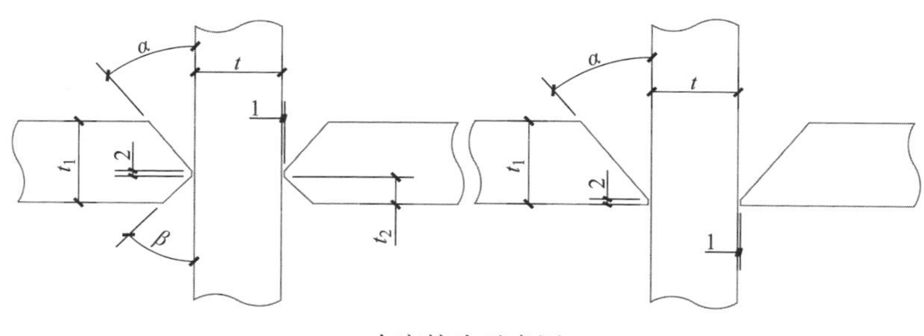

十字接头示意图

工艺说明

工艺评定的焊接接头形式应根据不同构件类型、焊接方法、钢材材质、焊接材料、焊接位置、钢板厚度等进行确定。

第二节 ● 焊接工艺

050201 定位焊

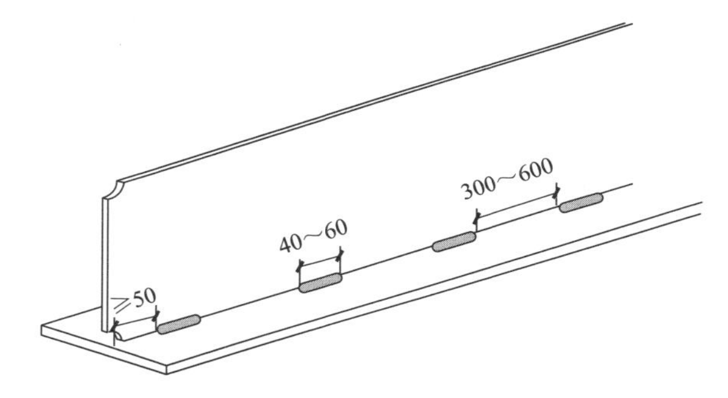

定位焊示意图

定位焊实物图

工艺说明

定位焊必须由持相应资格证书的焊工施焊，所用焊接材料应与正式焊缝的焊接材料相当。定位焊长度为40～60mm，焊缝最小厚度3mm，最大不超过设计焊缝厚度的2/3，间距300～600mm且两端50mm处不得点焊。较短构件定位焊不得少于2处。

050202 引弧板、引出板设置

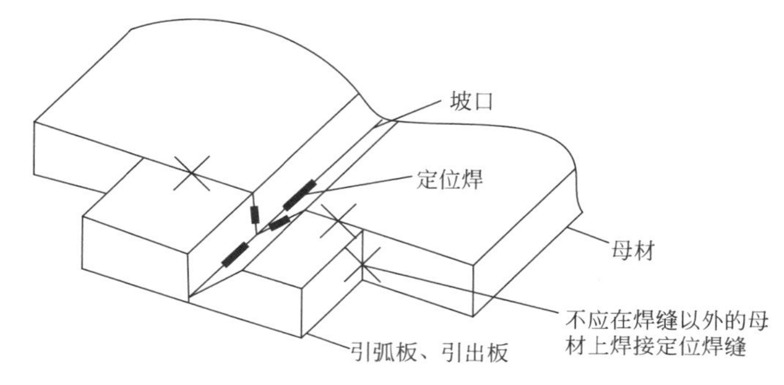

引弧板、引出板设置示意图

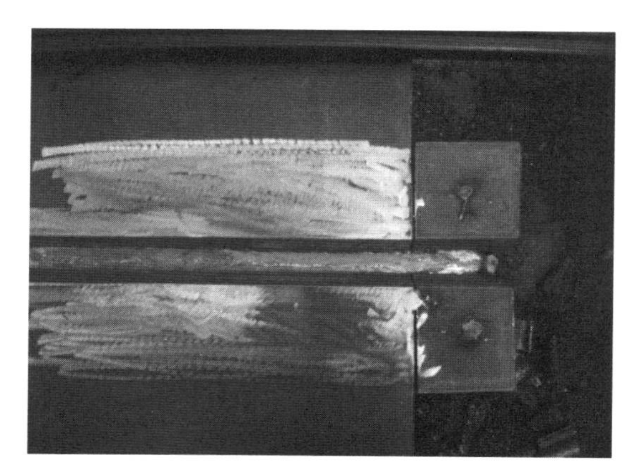

引弧板、引出板设置实物图

工艺说明

焊条电弧焊和气体保护电弧焊焊缝引弧板、引出板长度应大于25mm，埋弧焊引弧板、引出板长度应大于80mm。引弧板、引出板宜采用火焰切割、碳弧气刨或机械等方法去除，去除时不得伤及母材，并将割口处修磨至与焊缝端部平整。严禁使用锤击去除引弧板、引出板。

050203 焊接衬垫加设

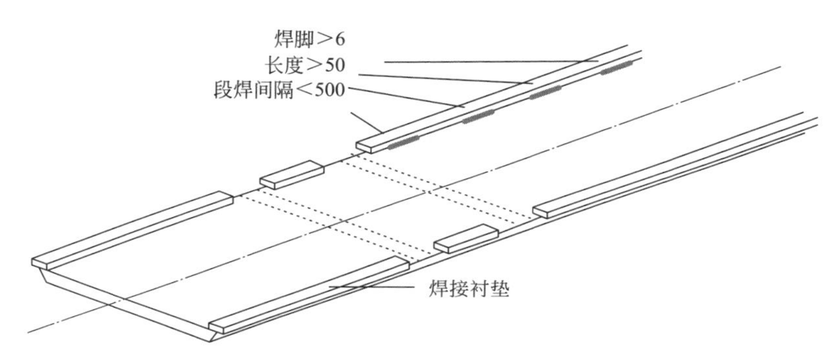

焊接衬垫加设示意图

焊接衬垫加设实物图

工艺说明

衬垫材质类型可分为金属、焊剂、纤维、陶瓷等，钢衬垫应与接头母材金属贴合良好，其间隙不应大于1.5mm；钢衬垫在整个焊缝长度内应保持连续（注意在箱形结构装横隔板位置不能装上垫板）；用于焊条电弧焊、气体保护电弧焊和自保护药芯焊丝电弧焊焊接方法的衬垫板厚度不应小于4mm，用于埋弧焊焊接方法的衬垫板厚度不应小于6mm。

050204 焊接参数设置

常用焊接参数推荐表

序号	焊接方法	焊丝直径（mm）	焊接位置	焊接电流（A）	焊接电压（V）	焊接速度（cm/min）
1	气体保护电弧焊打底层	1.2	平焊	180～220	28～32	34～38
2	气体保护电弧焊填充层	1.2	平焊	240～280	34～38	30～34
3	气体保护电弧焊盖面层	1.2	平焊	220～260	32～36	32～36

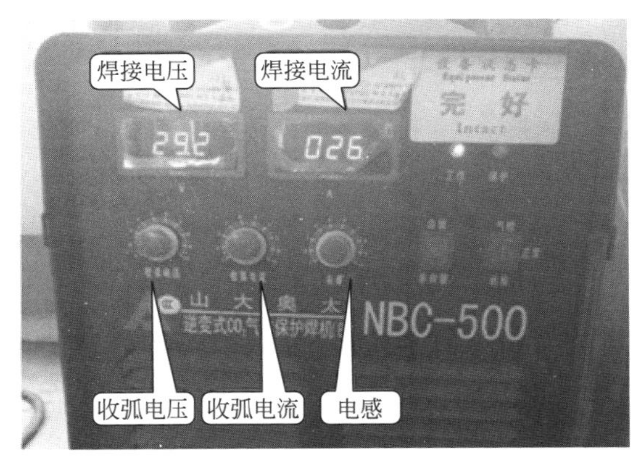

二保焊机实物图

工艺说明

焊接电流、焊接电压、气流流量、焊接速度等应根据焊接工艺评定报告确定，焊接前应根据产品结构的设计节点形式、钢材类型、规格、采用的焊接方法、焊接位置等，制定焊接工艺评定试验的方法，施焊前，采用相同的焊接方式与位置进行工艺参数的评定试验。

050205 焊缝清根

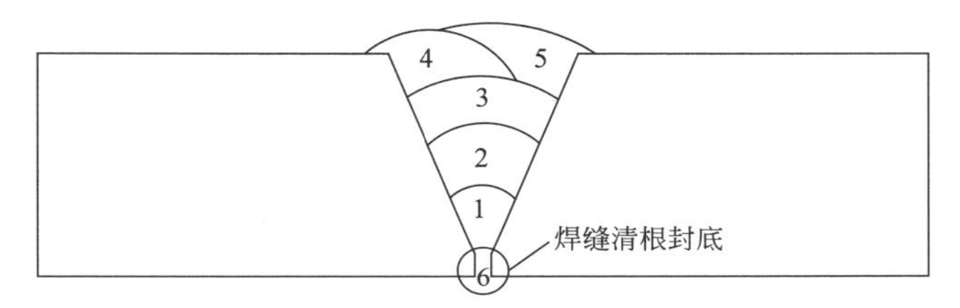

焊缝清根示意图

焊缝清根实物图

工艺说明

全熔透焊缝的清根应从反面进行，清根后的凹槽应形成不小于10°的U形坡口。采用碳弧气刨清根后刨槽表面应光洁、无夹碳、粘渣等，Ⅲ、Ⅳ类钢材及调质钢在碳弧气刨清根后，应使用砂轮打磨刨槽表面，去除渗碳淬硬层及残留熔渣。

050206 焊后消应力处理

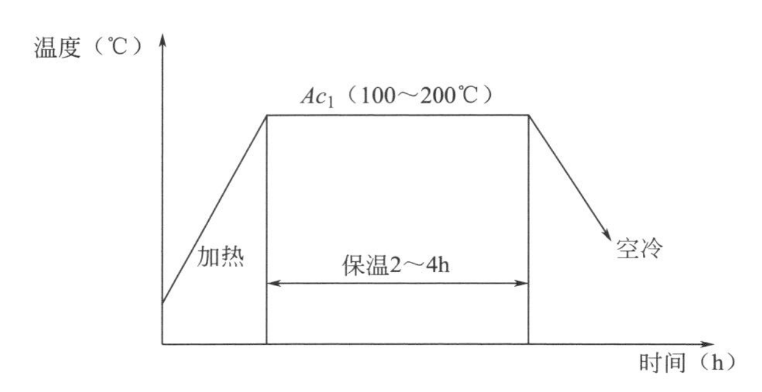

焊后消应力退火曲线

焊后消应力退火现场图

工艺说明

将工件加热到 Ac_1 以下的适当温度，保温一定时间后逐渐缓慢冷却。当采用电加热对焊接构件进行局部消除应力热处理时，构件焊缝每侧面加热板（带）的宽度应至少为钢板厚度的 3 倍，且不应小于 200mm，加热板（带）以外构件两侧宜用保温材料适当覆盖。

050207 焊后消应力处理实例

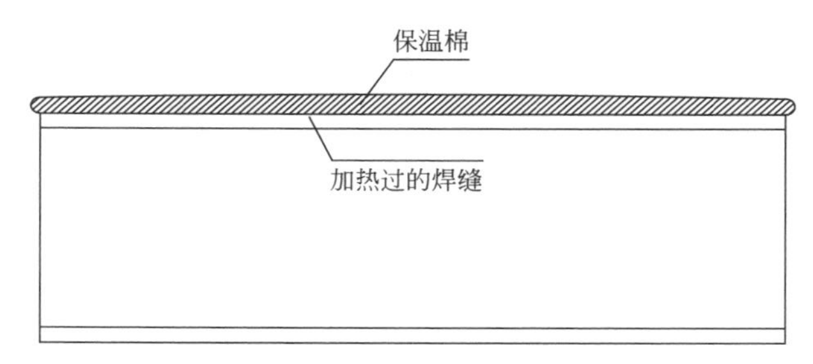

深圳太子广场钢柱热处理法焊后消应力处理示意图

深圳太子广场钢柱热处理法焊后消应力处理施工现场图

施工案例说明

深圳太子广场钢柱采用退火方式进行焊后消应力处理。将工件加热到适当温度，保温一定时间后逐渐缓慢冷却，焊缝顶面加热板的宽度应至少为钢板厚度的3倍，且不应小于200mm，加热板顶部采用保温材料覆盖，从而达到消除焊后应力的目的。

第三节 • 焊接作业条件

050301 操作平台搭设

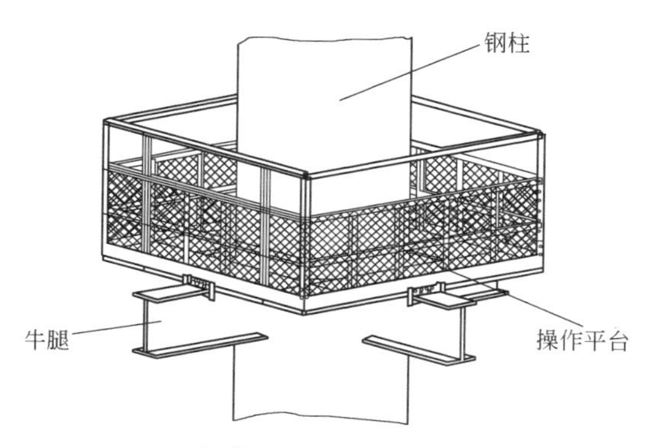

操作平台搭设示意图

操作平台搭设现场图

工艺说明

操作平台由角底板、直底板、调节滑板、翻板、护栏以及加固斜撑组成，平台由施工人员在堆场拼装后整体吊装就位，并经项目经理部组织验收合格后方可投入使用。

050302 高处焊接防风措施

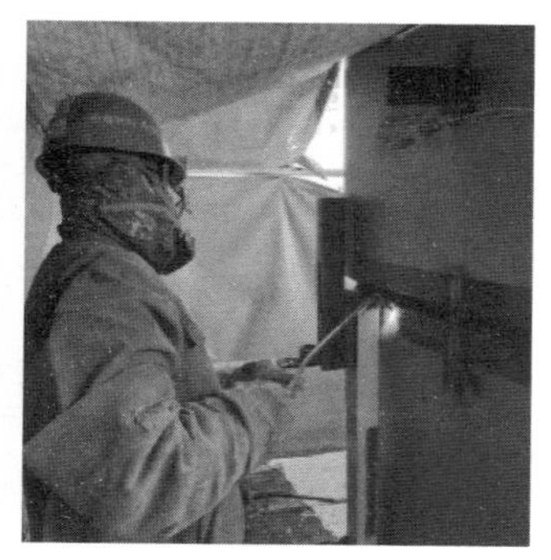

高处焊接防风措施搭设施工现场图

工艺说明

当高处钢结构焊接受风力影响时，需搭设焊接防风棚，防风棚高度应以能遮挡焊缝位置不受风力影响为准，并在顶面或背风一侧留有透气空间。

050303 焊前检查及清理

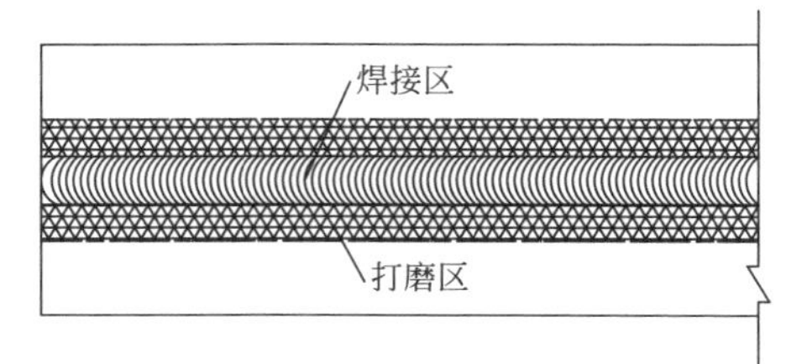

焊前除锈处理示意图

焊前除锈处理施工现场图

焊接前检查要求表

项目	允许偏差（mm）	图例
对口错边 Δ	$t/10$，且不应大于 3	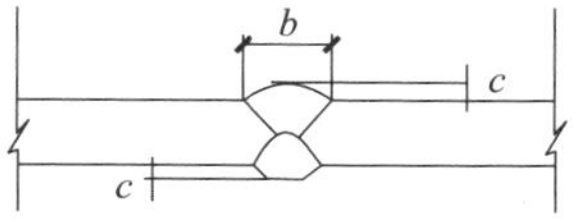

工艺说明

符焊接的母材表面和两侧应均匀、光洁，且应保证无毛刺、裂纹和其他对焊缝质量有不利影响的缺陷。待焊接的母材表面及距焊缝坡口边缘位置 30mm 范围内不得有影响正常焊接和焊缝质量的氧化皮、锈蚀、油脂、水等杂质。焊接前应对对口错边情况进行检查，错边量 Δ 小于（$t/10$）mm 且不大于 3mm。

050304 高温狭小空间下的处理

高温狭小空间下焊接施工现场图

工艺说明

对于需长时间进行焊接作业的半封闭构件，需设置新鲜空气通风及抽除烟雾系统，并为在密闭空间内作业的工人提供供气式呼吸器。在合理、切实可行的范围外，不得把气瓶放进密闭空间，如若不得不在密闭空间内放置气瓶，则气瓶数量应尽可能减至最低，并实时监察气瓶是否存在漏气现象。

050305 低温环境下焊接预热温度要求

常用钢材低温环境下最低焊接预热温度要求表（℃）

钢材类别	接头最厚部件的板厚 t（mm）				
	$t \leqslant 20$	$20 < t \leqslant 40$	$40 < t \leqslant 60$	$60 < t \leqslant 80$	$t > 80$
Ⅰ[a]	—	—	40	50	80
Ⅱ	—	20	60	80	100
Ⅲ	20	60	80	100	120
Ⅳ[b]	20	80	100	120	150

低温环境下焊接预热温度测量施工现场图

工艺说明

焊接环境温度低于0℃但不低于－10℃时，应采取加热或防护措施，确保接头焊接处各方向不小于2倍板厚且不小于100mm范围内，母材的温度不低于20℃和规定的最低焊接预热温度二者的较高值；焊接环境低于－10℃时，必须进行相应环境下的工艺评定试验，通过焊接工艺评定确定最低预热温度。

第四节 ● 焊接温度控制

050401 焊接预热

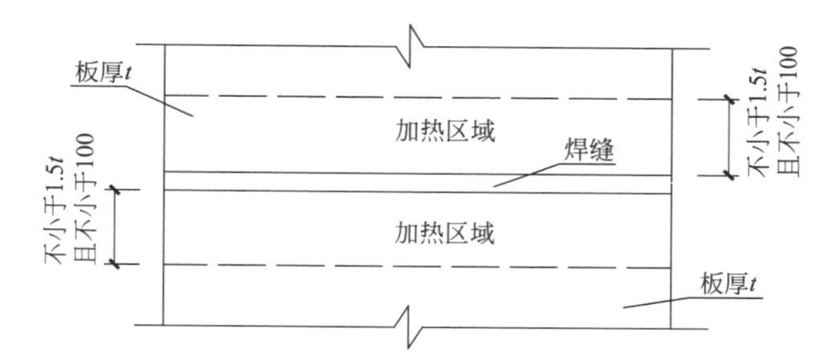

焊接预热示意图

焊接预热施工现场图

工艺说明

焊接预热宜采用电加热法、火焰加热法，并应采用专用的测温仪器测量，预热的加热区域应在焊缝坡口两侧，宽度应大于焊件施焊处板厚的 1.5 倍，且不应小于 100mm；预热温度宜在焊件受热面的背面测量，测量点应在离电弧经过前的焊接点各方向不小于 75cm 处；当采用火焰加热器预热时正面测温应在火焰离开后进行。

050402 焊接预热实例

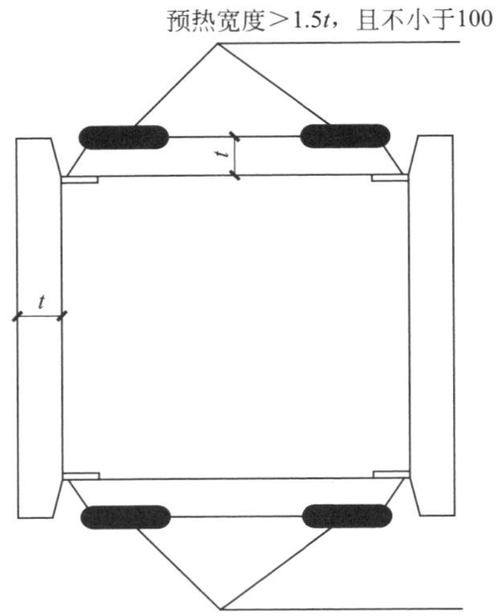

深圳太子广场钢柱焊接预热示意图

深圳太子广场钢柱焊接预热施工现场图

施工案例说明

深圳太子广场钢柱采用火焰预热进行焊前预热。预热宽度应大于焊件施焊处板厚的1.5倍，且不小于100mm。

050403 层间温度控制

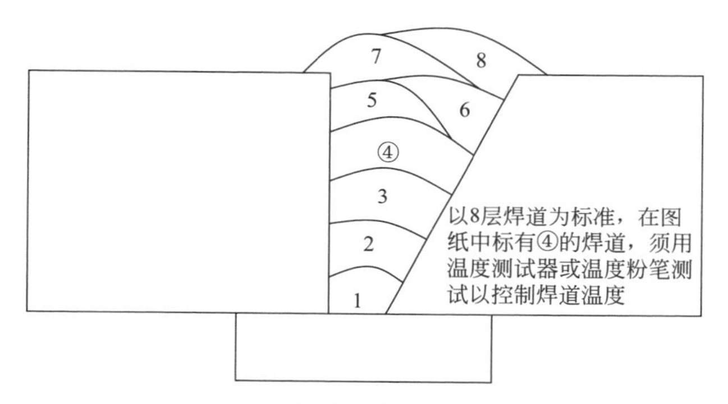

层间温度控制示意图

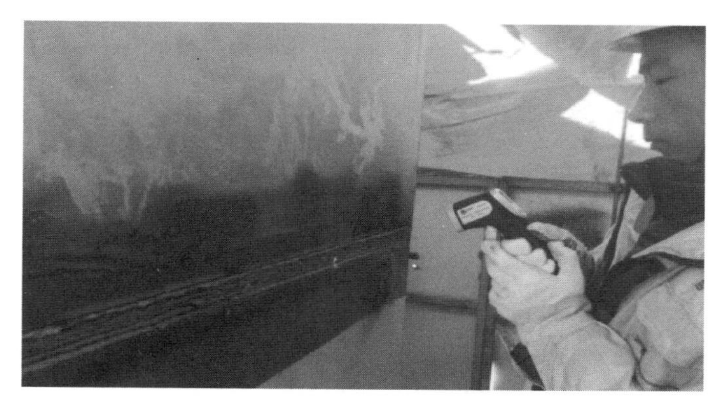

层间温度控制施工现场图

工艺说明

焊接过程中，最低层间温度不应低于预热温度；静荷载结构焊接时，最大层间温度不宜超过250℃；动荷载结构和调质钢焊接时，需进行疲劳验算，最大道间温度不宜超过230℃。

050404 层间温度控制实例

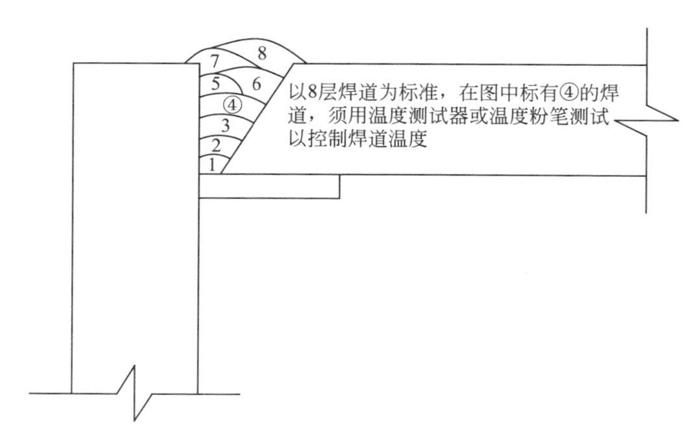

马来西亚标志塔钢柱层间温度控制示意图

马来西亚标志塔钢柱层间温度控制现场图

施工案例说明

马来西亚标志塔钢柱在主焊缝焊接过程中注意层间温度控制。在分层分道焊接过程中，最低层间温度不应低于预热温度。

050405 后热保温

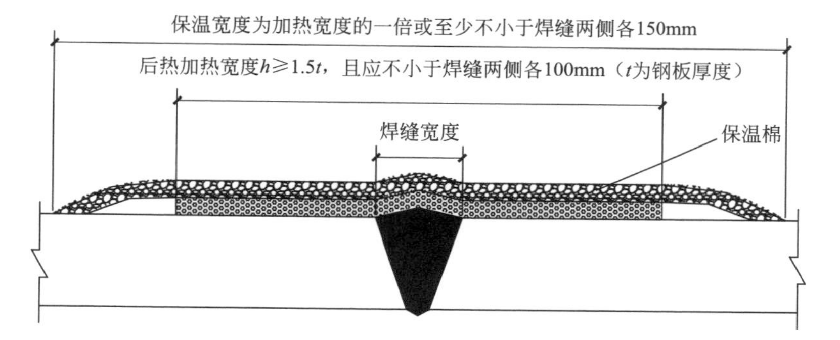

后热保温示意图

后热保温施工现场图

工艺说明

整条焊道焊完后，应立即后热，加热温度应为150℃左右，保温时间应根据工件板厚按每25mm板厚不小于0.5h且总保温时间不小于1h确定。保温材料应紧贴在加热器上，保温效果应保证加热工件的焊接接头温度均匀一致，确保接头区域达到环境温度后方可拆除。

050406 后热保温实例

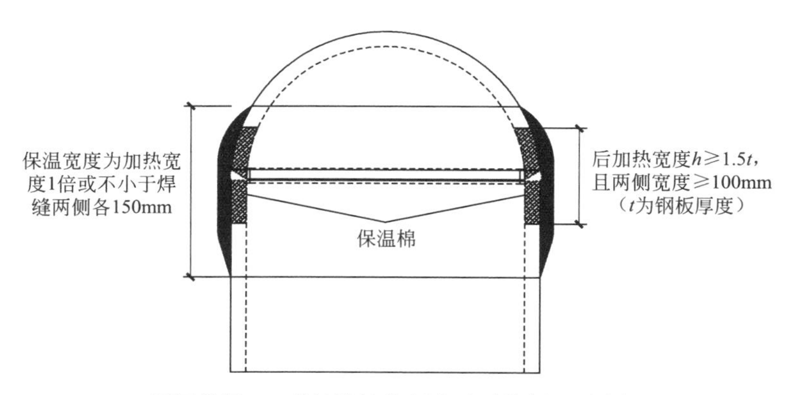

天河机场 T3 项目铰接柱顶半球后热保温示意图

天河机场 T3 项目铰接柱顶半球后热保温实物图

施工案例说明

天河机场 T3 项目铰接柱顶半球整条焊道焊完后，应立即后热，加热温度应为 150℃左右，保温时间 1.5h。保温棉紧贴工件，保温效果应保证加热工件的焊接接头温度均匀一致，确保接头区域达到环境温度后方可拆除。

第五节 ● 焊接变形控制

050501 焊接约束板设置

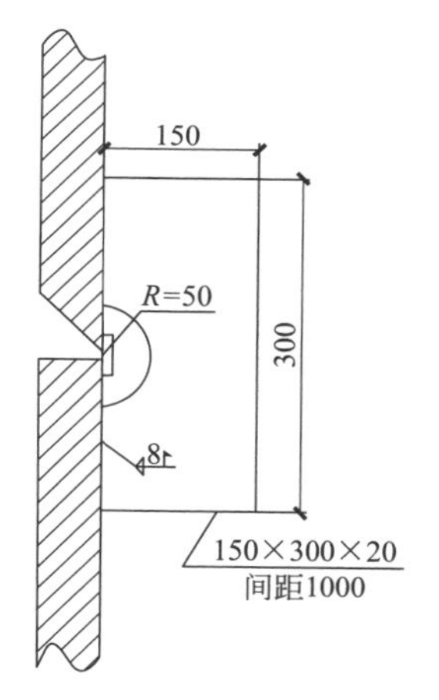

焊接约束板设置示意图

焊接约束板设置施工现场图

工艺说明

焊接约束板焊接在钢板焊缝两侧，待焊接完成并在焊缝冷却变形完成后将焊接约束板割除。焊接约束板根据现场焊接形式与临时连接位置灵活布置，以每0.8～1.0m一道焊接约束板为原则布设。

050502 焊接约束板设置实例

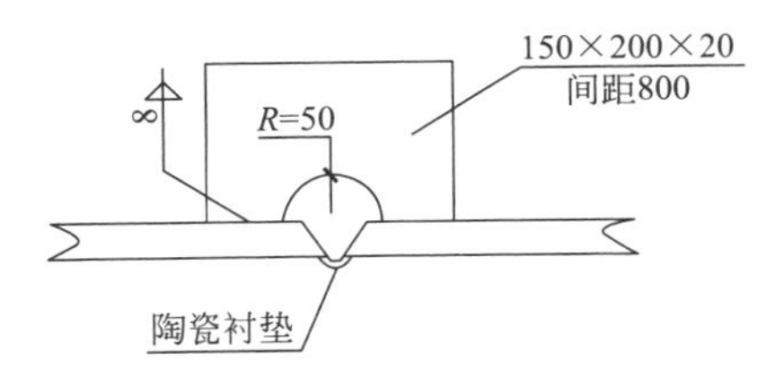

武汉某项目焊接约束板设置示意图

武汉某项目焊接约束板设置施工现场图

施工案例说明

武汉某项目焊接约束板焊接在箱形梁对接焊缝两侧，焊缝反面贴陶质衬垫，待焊接完成并在焊缝冷却变形完成后将焊接约束板割除。焊接约束板根据现场焊接形式与临时连接位置灵活布置，以800mm一道焊接约束板为原则布设。

050503 焊接临时支撑

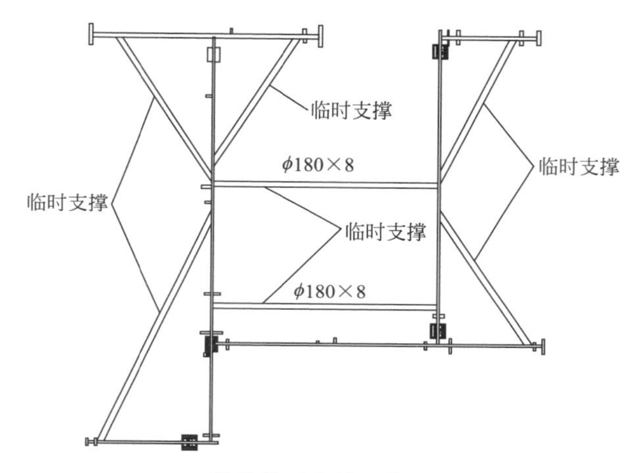

焊接临时支撑示意图

焊接临时支撑施工现场图

工艺说明

为控制钢板墙整体变形，在剪力墙对接处加设临时支撑，临时支撑采用 φ180mm×8mm 圆管，圆管直接焊接到钢板墙上进行固定，在控制整体变形的同时增强钢板墙的整体稳定性。

050504 焊接临时支撑实例

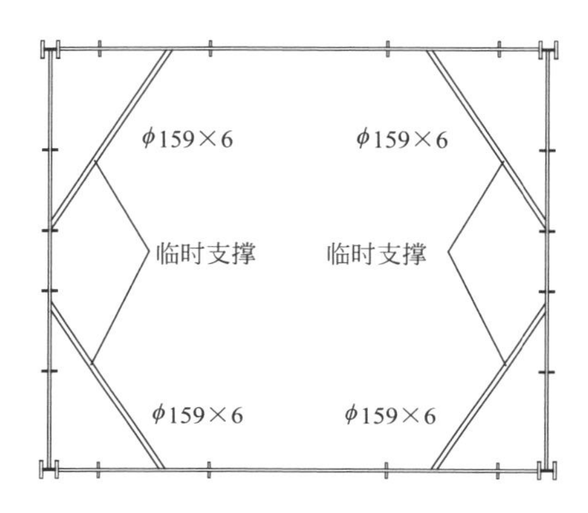

武汉绿地中心项目焊接临时支撑示意图

武汉绿地中心项目焊接临时支撑施工现场图

施工案例说明

武汉绿地中心项目钢板剪力墙两边无劲性柱的区域长度达 10m，且有 2～3 条 12m 长立焊缝，为防止钢板剪力墙的焊接变形，从第四节钢板剪力墙开始加刚性支撑。

050505 长焊缝焊接法

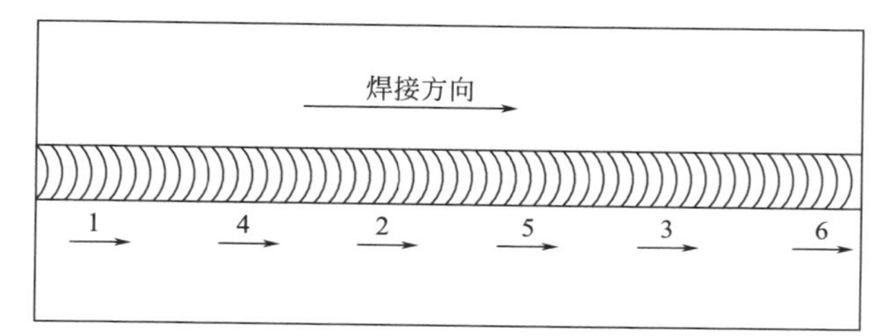

分段跳焊法示意图

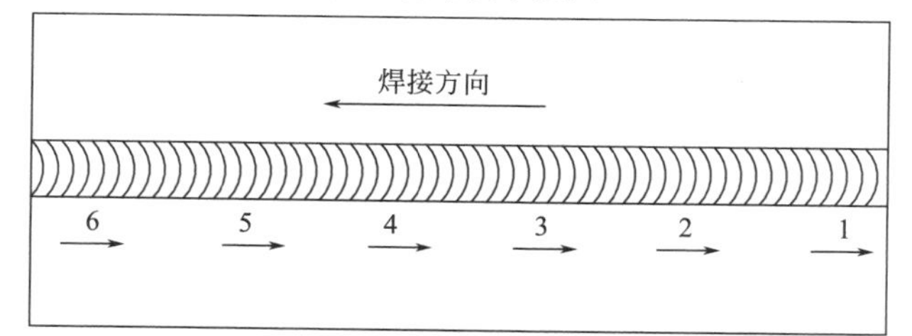

分段同向退焊法示意图

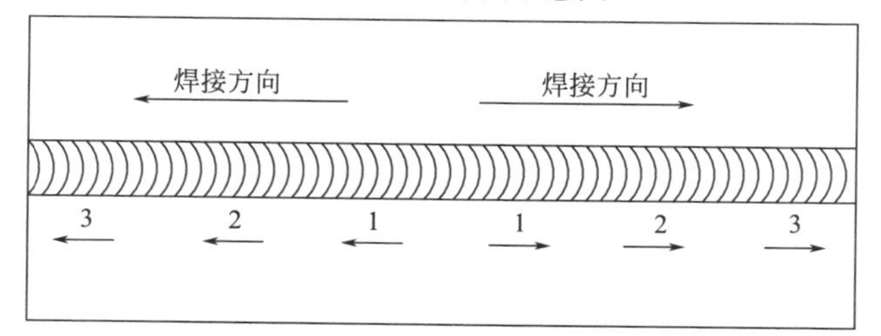

从中间向两端分段对称反向退焊法示意图

工艺说明

将焊件接缝分成若干段，按预定次序和方向分段间隔施焊，完成整条焊缝的焊接，具体包括分段跳焊法、分段同向退焊法、从中间向两端分段对称反向退焊法等，每道焊缝起弧点都应在前道焊缝起弧点前，要根据每根焊条焊接的长度来估算起弧点，后一道焊缝收弧处要压住前道焊缝的起弧点。

050506 长焊缝焊接法实例

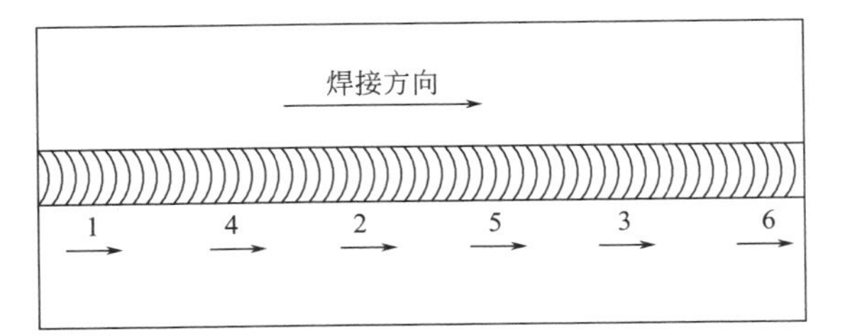

分段跳焊法示意图

武汉绿地中心项目钢板墙分段跳焊法现场图

施工案例说明

武汉绿地中心项目钢板墙长焊缝焊接时，将焊件接缝分成若干段，按预定次序和方向分段间隔施焊，完成整条焊缝。

050507 双面焊缝焊接方法

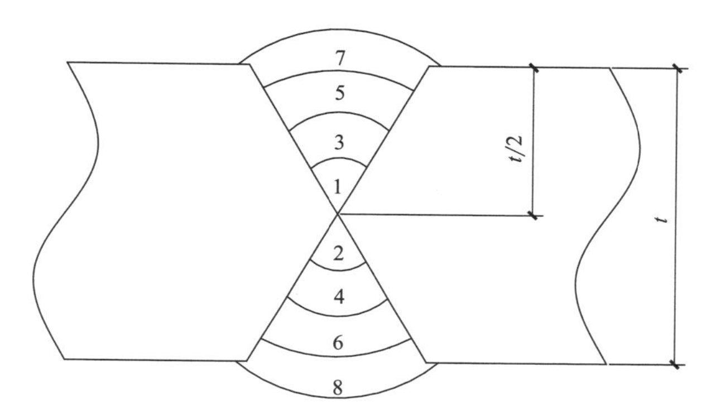

双面对称坡口焊示意图

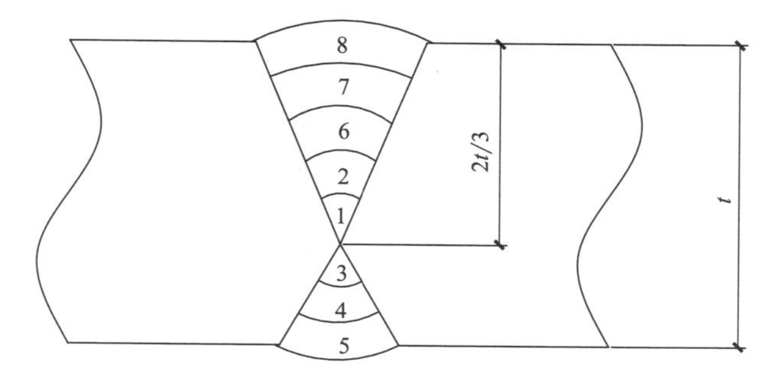

双面非对称坡口焊示意图

工艺说明

采用分层分道焊接，对称坡口宜双面轮流对称焊接，非对称双面坡口焊缝，宜先在深坡口面完成部分焊缝焊接，然后完成浅坡口面焊缝焊接，最后完成深坡口面焊缝焊接。

050508 双面焊缝焊接方法实例

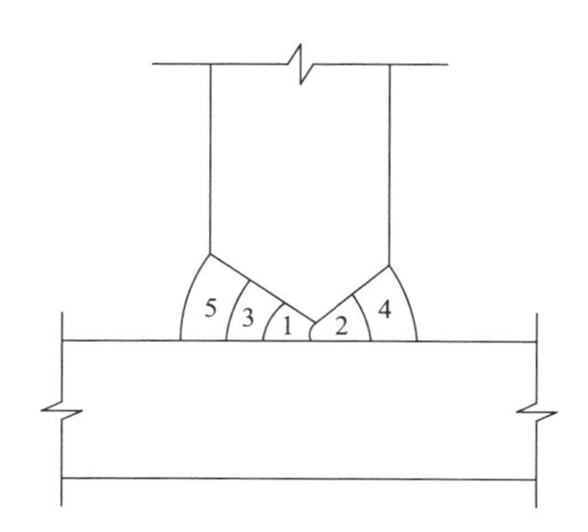

马来西亚 ASTAKA 双面焊缝焊接示意图

马来西亚 ASTAKA 双面焊缝焊接施工现场图

施工案例说明

马来西亚 ASTAKA 项目桁架构件板为超厚板，焊接时采用双面焊缝分层分道焊接。为减少焊接变形，应严格按照要求顺序进行焊接作业。以马来西亚 ASTAKA 双面焊缝焊接示意图中五道焊缝为例，应先将大坡口面焊接 1/3，其次将小坡口面焊接 2/3，再将大坡口面焊接 2/3，然后将小坡口面焊满，最后将大坡口面焊满。

050509 反变形控制

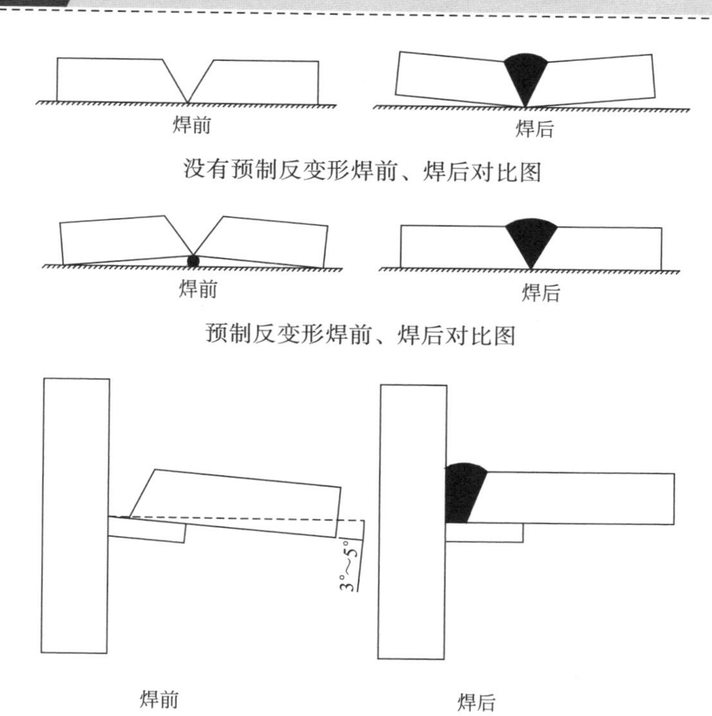

没有预制反变形焊前、焊后对比图

预制反变形焊前、焊后对比图

反变形控制示意图

工艺说明

在装配前根据焊接变形的大小和方向，在装配时给予构件一个相反方向的变形，使其与焊接变形相抵消。

050510 反变形控制实例

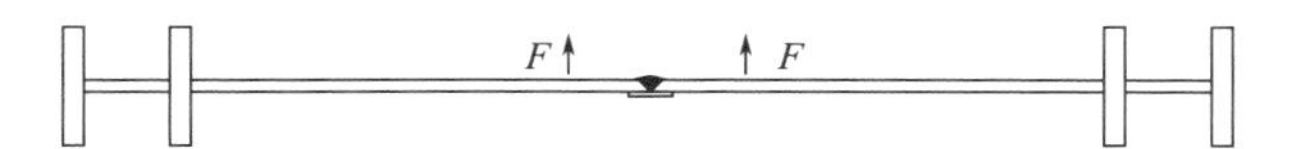

武汉绿地中心项目钢板墙反变形控制示意图

武汉绿地中心项目钢板墙反变形控制施工现场图

施工案例说明

武汉绿地中心项目钢板墙在装配前根据焊接变形的大小和方向，在装配时给予构件一个相反方向的拉力，使其适当变形，与焊接变形相抵消。

050511 平面整体焊接顺序

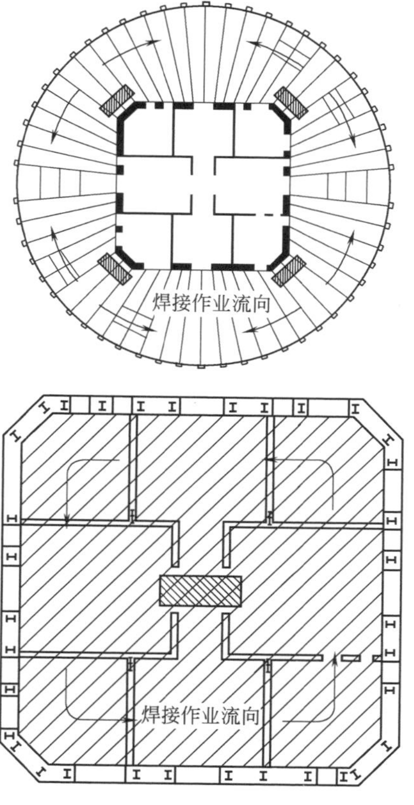

平面整体焊接顺序示意图

工艺说明

以作业平面为基准，分为若干个焊接工艺说明区，每个焊接工艺说明区布置一个焊接工艺说明班组，保证每个班组的焊机数量与工人相同，焊接电流、电压及焊接速度尽量一致，以作业面中心点为对称点进行焊接。

050512 平面整体焊接顺序实例

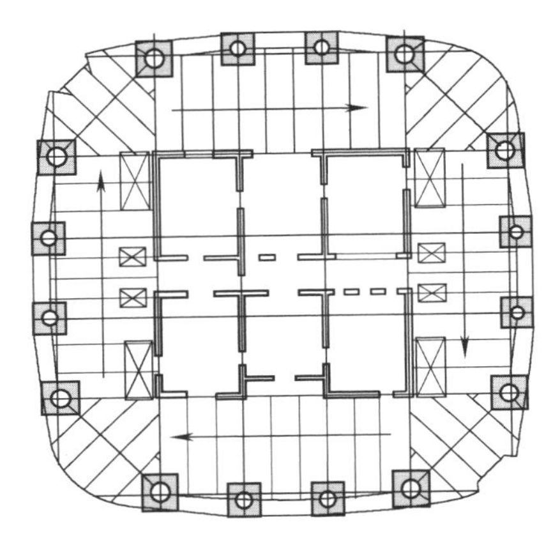

武汉绿地中心项目整体焊接顺序示意图

武汉绿地中心项目整体焊接顺序施工现场图

施工案例说明

武汉绿地中心项目以作业平面为基准，分为若干个焊接工艺区，每个焊接工艺区布置一个焊接工艺班组，进行顺序焊接。

050513 圆管柱焊接顺序

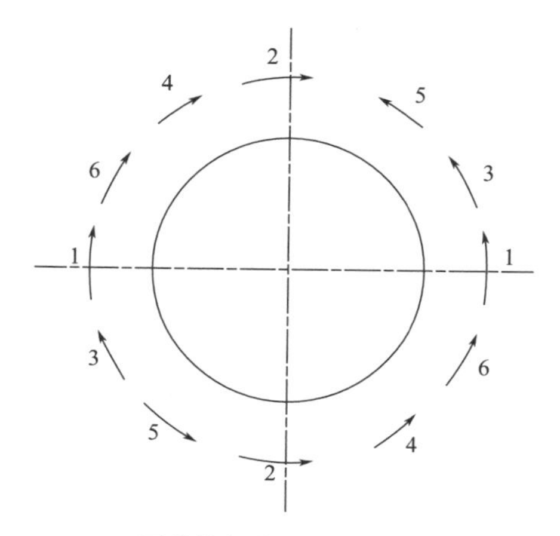

圆管柱焊接顺序示意图

圆管柱焊接施工现场图

工艺说明

由两名或多名焊工在对称位置分层进行焊接，每层每道接头处必须错开施焊。

050514 圆管柱焊接顺序实例

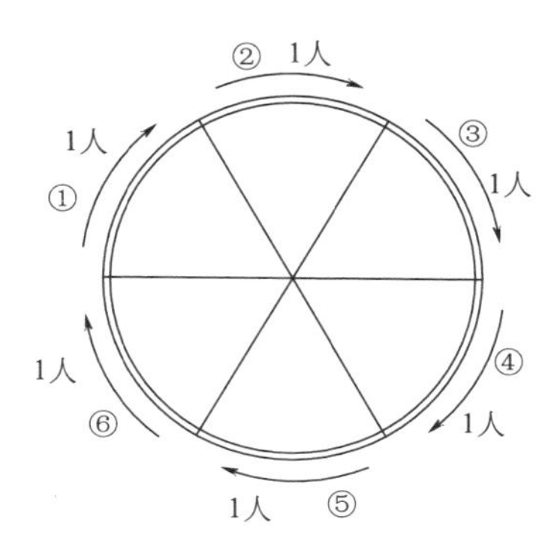

成都金融城项目圆管柱焊接顺序示意图

成都金融城项目圆管柱焊接施工现场图

施工案例说明

成都金融城项目外框钢管柱的焊接采用多人对称焊接顺序，每层每道接头处错开施焊。

050515 十字柱焊接顺序

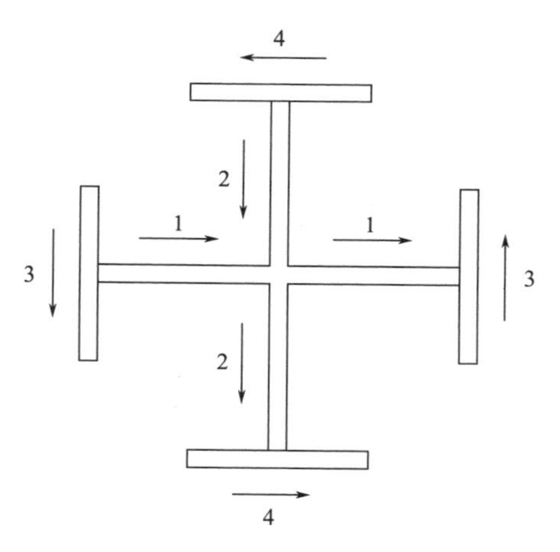

十字柱焊接顺序示意图

工艺说明

现场十字柱对接焊接时，应由两名焊工同时焊接，焊接时首先对称焊接十字柱的腹板部分，然后分别焊接翼板的对接部分。

050516 十字柱焊接顺序实例

雄安新区至北京大兴国际机场快线项目十字柱焊接示意图

施工案例说明

十字柱多为劲性结构，焊接时柱身四周分布有钢柱纵筋，焊接时需注意控制焊接质量。

050517 箱形柱焊接顺序

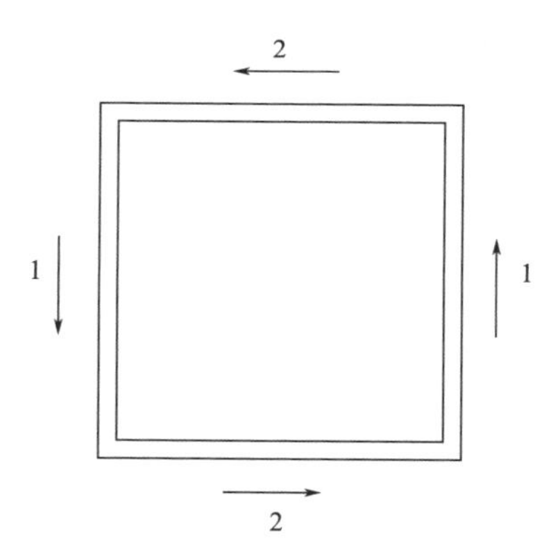

箱形柱焊接顺序示意图

工艺说明

箱形柱施焊时，两名焊工在操作平台上，分两步同时对称焊接箱形柱。

050518 箱形柱焊接顺序实例

国家金融信息大厦项目箱形柱焊接示意图

施工案例说明

国家金融信息大厦项目箱形柱焊接时，由两名焊工同时在对称面施工，以减小焊接变形。

050519 H 形钢梁焊接顺序

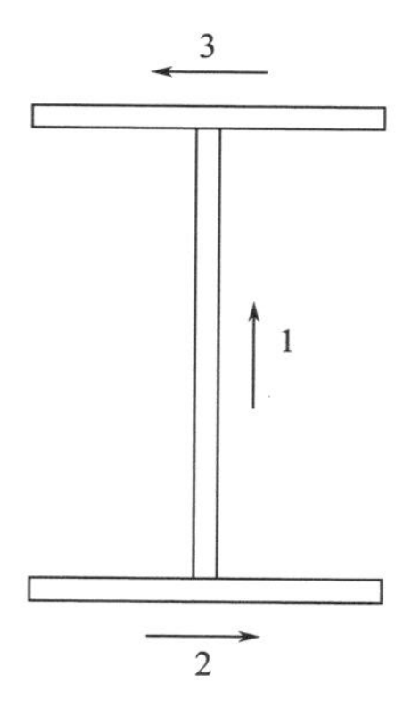

H 形钢梁焊接顺序示意图

工艺说明

H 形钢梁焊接时，首先焊接钢梁腹板，然后焊接下翼板，最后焊接上翼板。

050520 H 形钢梁焊接顺序实例

国家金融信息大厦项目 H 形钢梁焊接示意图

施工案例说明

H 形钢梁焊接时应注意控制焊接速度和变形，防止因变形导致的错边。

050521 钢板墙焊接顺序

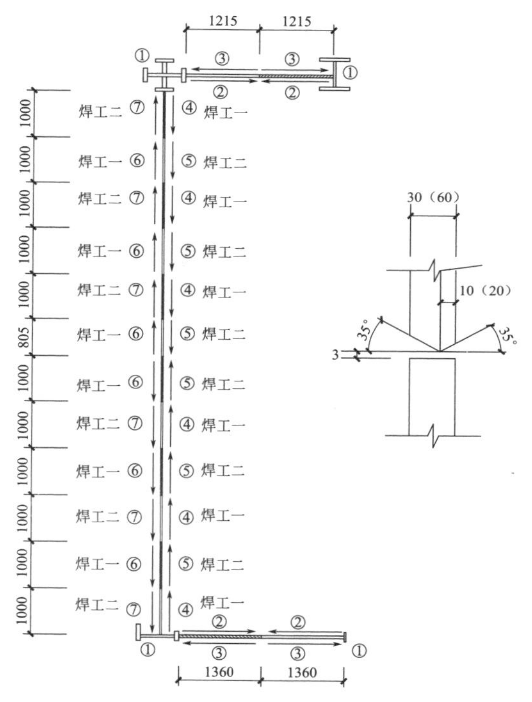

钢板墙典型结构单元横向焊接顺序示意图

工艺说明

为防止因焊接收缩引起的钢板墙上端口偏移过大，片式钢板墙超长对接焊缝设置为双边坡口（1/3，2/3）。焊接工艺说明是根据每组单元焊缝长度特点，采取同条焊缝多名焊工同时分段焊接的方法施焊。以钢板墙典型结构单元示例：先焊接完成劲性柱①，再对称焊接完成②，反面清根，对称完成③，同样的方法交叉完成最长一段单片墙的焊接，④段焊完5层后转入⑤段焊接，反面清根，⑥段焊完5层后转入⑦段焊接。

050522 钢板墙焊接顺序实例

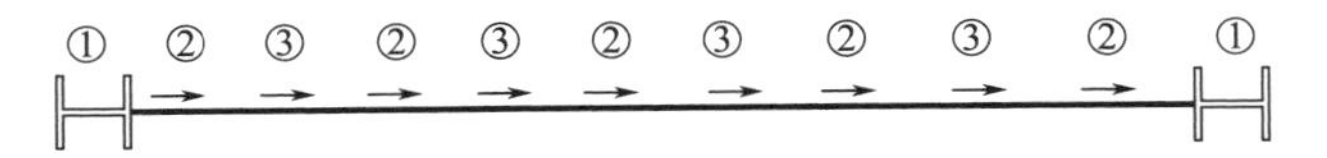

长沙国金项目钢板墙单元横向焊接顺序示意图

长沙国金项目典型钢板墙单元横向焊接施工现场图

施工案例说明

长沙国金项目典型钢板墙焊接时，应先进行焊道预热，再对称进行端部型钢柱焊接，最后采用分段退焊法焊接单片钢板墙。焊接过程中必须严格控制工艺参数，应采用小电流分层分道焊接。

050523 桁架焊接顺序

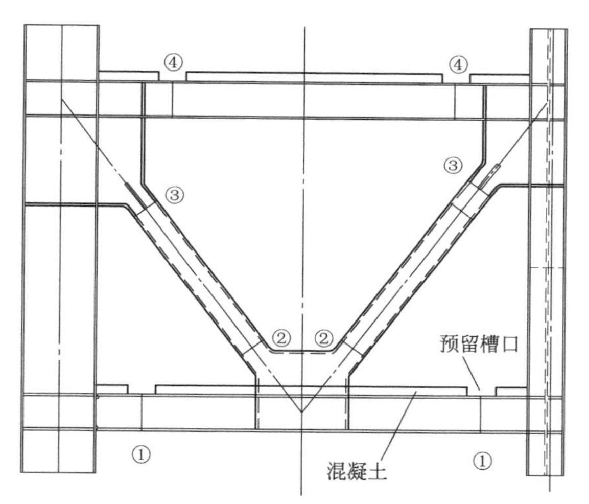

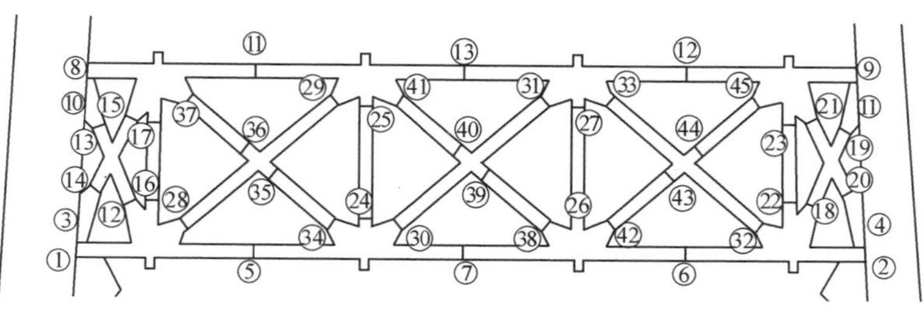

桁架焊接顺序示意图

工艺说明

桁架焊接按照由中间向两端、由下至上的原则进行施焊，构件不得两头同时施焊。焊接整体顺序需遵循对称原则，同一节点上③腹杆的接头应先焊直腹杆，后同时对称焊接两斜腹杆；同一节点上有两斜腹杆的接头，两腹杆同时对称焊接。

050524 桁架焊接顺序实例

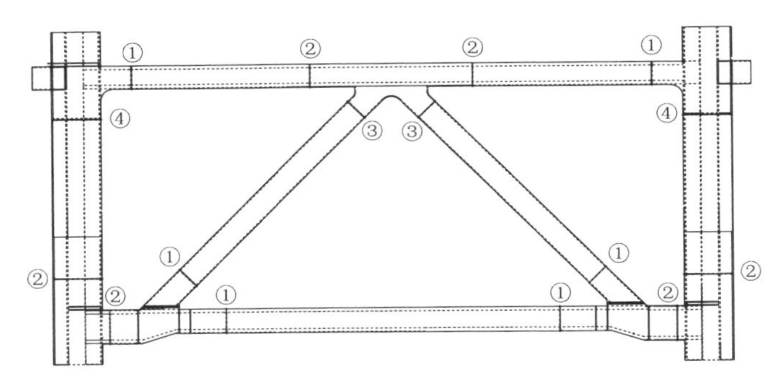

武汉绿地中心项目桁架焊接顺序示意图

武汉绿地中心项目桁架焊接现场图

施工案例说明

武汉绿地中心项目桁架焊接，为了有利于释放焊接应力及减小变形，就整个桁架构成的框架体系而言，应从整个结构靠中部位置的接口开始对称施焊，然后向两侧扩展，最后补焊结构中间一道焊缝。

050525 巨柱焊接顺序

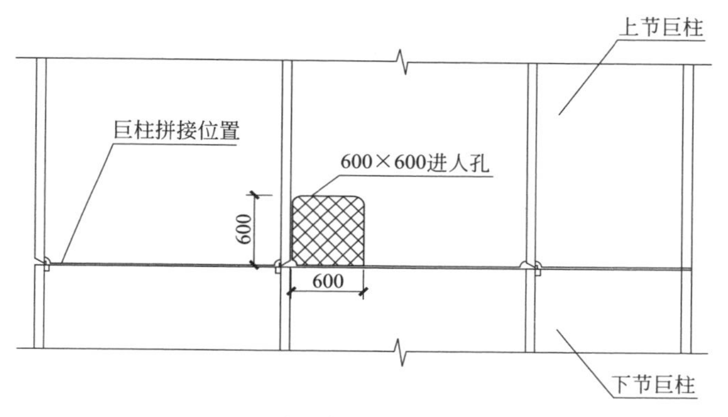

巨柱现场拼装示意图

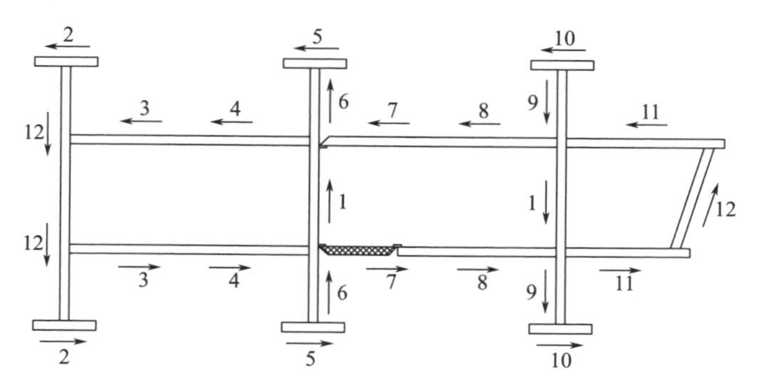

巨柱横焊缝焊接顺序示意图

工艺说明

焊接巨柱横焊缝时，编号相同的焊缝同时对称施焊。由于焊接时巨柱腔内空间小、热输入大，会使内腔温度较高，编号1两条焊缝最先同时施焊，焊完后再进行后续焊缝焊接。除编号1外剩余焊缝可安排多名焊工同时焊接，在焊接过程中，相同编号须遵循等速对称原则。待巨柱横焊缝焊接完成且检测合格后，再焊接巨柱预留洞封板。

050526 巨柱焊接顺序实例

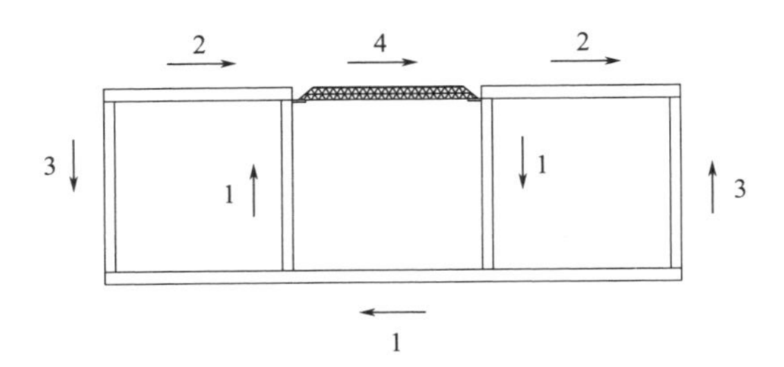

长沙金融大厦项目巨柱横焊缝焊接顺序图

长沙金融大厦项目巨柱横焊缝焊接现场图

施工案例说明

长沙金融大厦项目巨柱横焊缝焊接时编号相同的焊缝同时对称施焊。编号1两条焊缝首先同时施焊，焊完后再进行后续焊缝焊接。在焊接过程中，相同编号须遵循等速对称原则。待巨柱横焊缝焊接完成且检测合格后，再焊接巨柱预留洞封板。

第六节 ● 栓钉焊接

050601 栓钉焊接过程

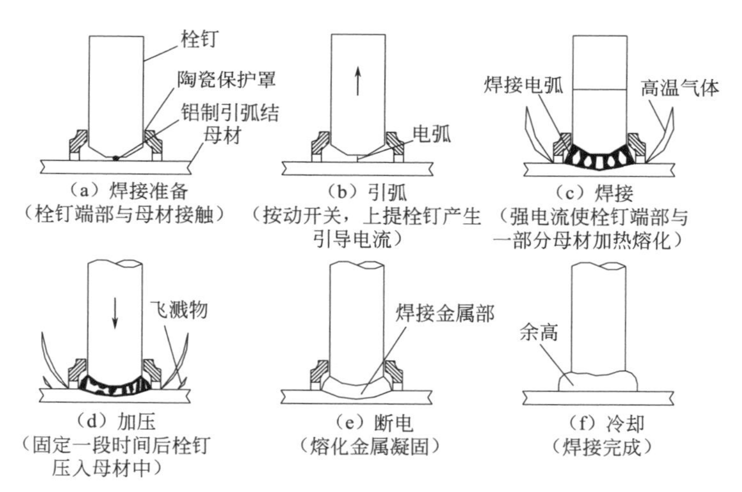

栓钉焊接过程示意图

栓钉焊接施工现场图

工艺说明

施焊前应选用与实际工程要求相同规格的栓钉、瓷环及相同批号、规格的母材（母材厚度≥16mm，且≤30mm），采用相同的焊接方式与位置进行工艺参数的评定试验。

050602 栓钉质量检查

栓钉焊接接头外观检验合格标准表

外观检验项目	合格标准	检验方法	图例
焊缝外形尺寸	360°范围内焊缝饱满拉弧式栓钉焊：焊缝高 $K_1 \geqslant 1$mm，焊缝宽 $K_2 \geqslant 0.5$mm	目测、钢尺、焊缝量规	
焊缝缺陷	无气孔、夹渣、裂纹等	目测、放大镜（5倍）	
焊缝咬边	咬边深度≤0.5mm，且最大长度不得大于栓钉直径	钢尺、焊缝量规	
栓钉焊后高度	高度偏差≤±2mm	钢尺	
栓钉焊后倾斜角度	倾斜角度偏差 $\theta \leqslant 5°$	钢尺、量角器	

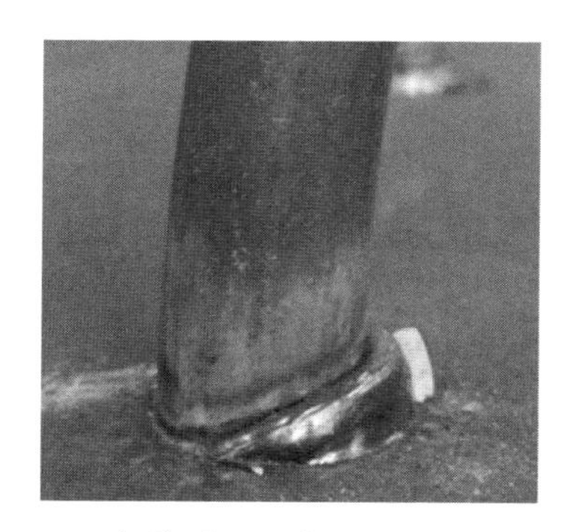

焊接质量不合格实物图

焊接质量合格实物图

工艺说明

栓钉焊接接头冷却到环境温度后可进行外观检查，外观检查应逐一进行。

第七节 • 焊接质量控制

050701 不良环境下焊接

不良环境下焊接现场图

工艺说明

焊条电弧焊和自保护药芯焊丝电弧焊，其焊接作业区最大风速不宜超过 8m/s，气体保护电弧焊不宜超过 2m/s，如果超过上述范围，应采取有效措施以保障焊接电弧区域不受影响。当焊接作业条件处于下列情况之一时严禁施焊：焊接作业区的相对湿度大于 90%；焊件表面潮湿或暴露于雨、冰、雪中。焊接环境温度低于 0℃但不低于－10℃时，应采取加热或防护措施。

050702 气孔预防

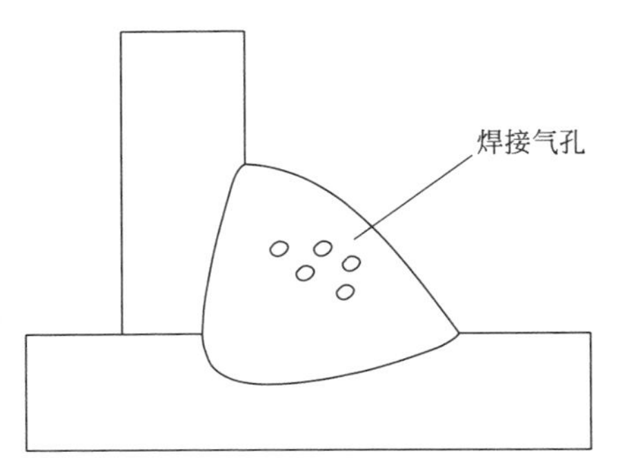

气孔示意图

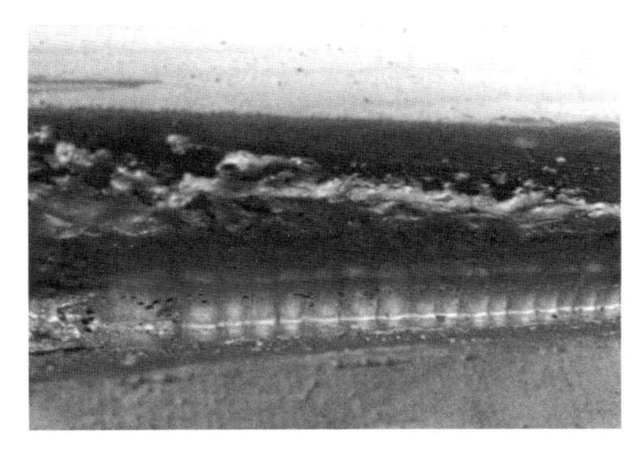

气孔实物图

工艺说明

焊接作业前先通气再起弧，结束作业时先断弧再关气可防止端部出现密集气孔群。高空焊接防风措施不可少，气体保护电弧焊风速不宜超过2m/s，现场工艺焊接过程中，CO_2焊接气体流量要根据风速适量调大。

050703 咬边预防

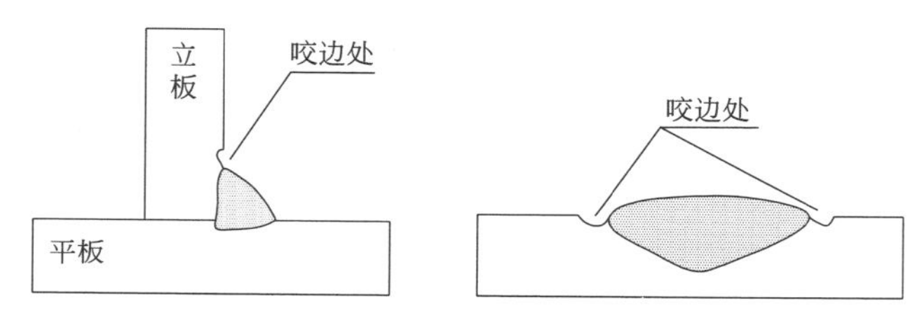

咬边示意图

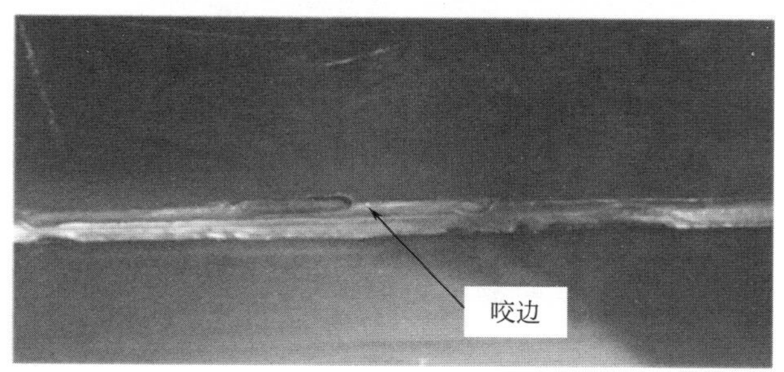

咬边实物图

工艺说明

选择正确的焊接电流及焊接速度，适当掌握电弧的长度，正确应用运条和选择合适焊条角度，平、立、仰焊时，焊条/焊丝沿焊缝中心线保持均匀对称地摆动。横焊时，焊条/焊丝角度应保证熔滴平稳地向熔池过渡而无下淌现象。

050704 未焊满预防

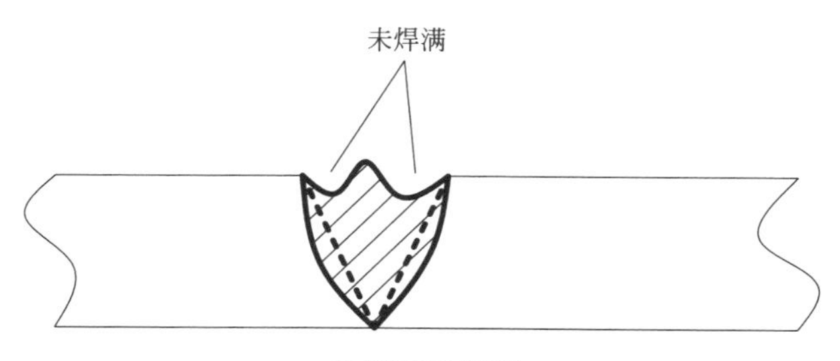

未焊满示意图

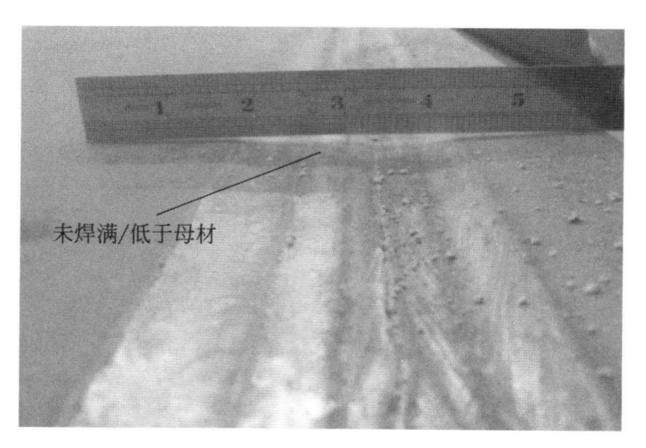

未焊满实物图

工艺说明

焊接前及焊接过程中合理地分布焊道；对余高过高的焊缝应及时进行打磨，且保证与板材接触部位平滑过渡；严格按照焊接工艺评定中焊接参数施焊。

050705 焊缝未熔合预防

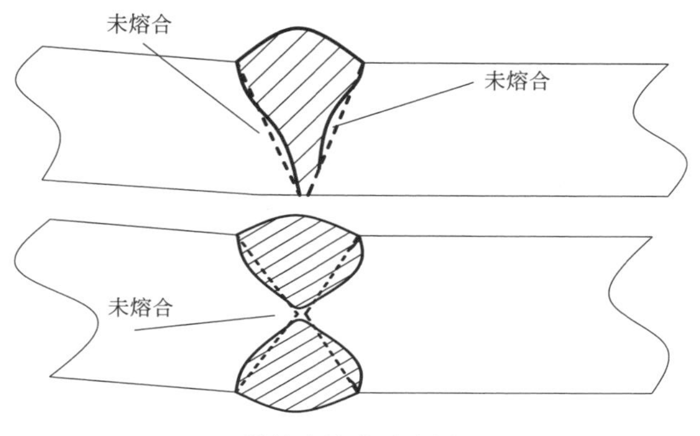

焊缝未熔合示意图

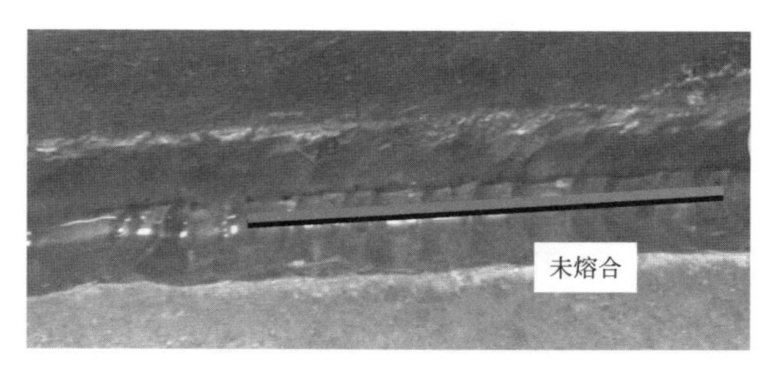

焊缝未熔合实物图

工艺说明

正确选择焊接电流、焊接速度；加强坡口清理和层间清渣；焊条偏心时应调整角度，使电弧处在正确方向。焊接时注意运条角度和边缘停留时间，使坡口边缘充分熔化以保证熔合。

050706 焊缝包角控制

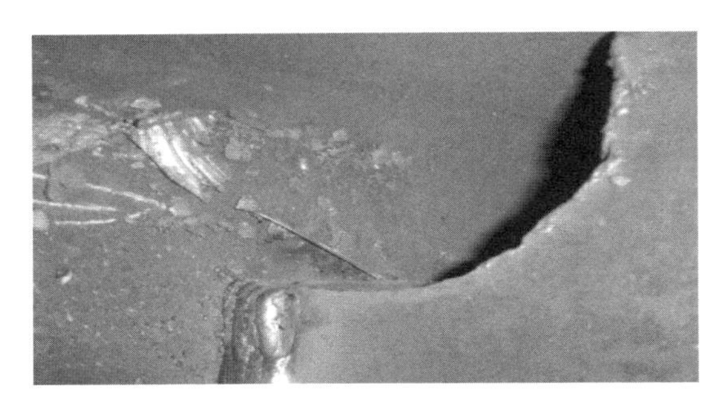

焊缝未包角实物图

焊缝包角实物图

工艺说明

焊接时应对柱、梁的加劲板或牛腿焊缝转角处包角；加强工艺培训交底，强化过程监督；转角处引弧，使转角焊缝自然圆滑过渡，保证焊接质量；使用反光镜进行目视检测。

050707 栓钉成形控制

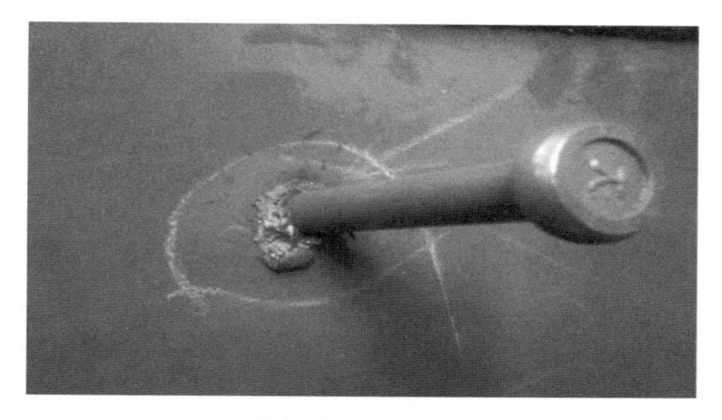

栓钉成形差实物图

栓钉成形良好实物图

工艺说明

焊脚应均匀，焊脚立面应360°完全熔合；焊前保证栓钉及母材施焊表面无氧化铁、油脂等缺陷，瓷环及栓钉施焊处50mm范围内不应受潮；焊枪、栓钉轴线与工件表面垂直，焊接提枪速度不宜过快。

050708 焊缝尺寸控制

焊脚尺寸超差实物图

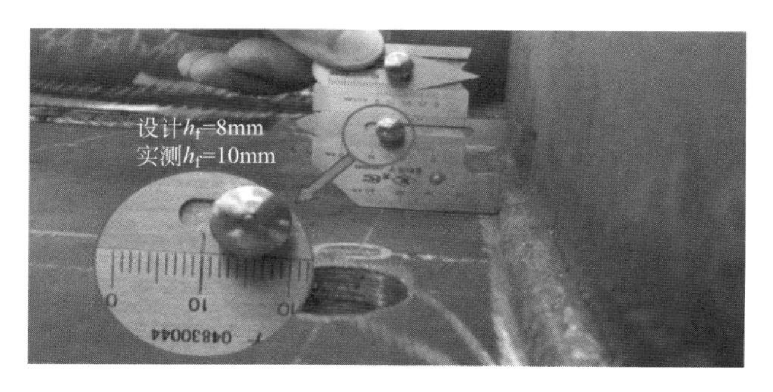

焊脚尺寸满足设计要求实物图

工艺说明

焊接坡口加工尺寸和装配间隙应符合要求；严格按照WPS中焊接参数施焊。

050709 焊接参数控制

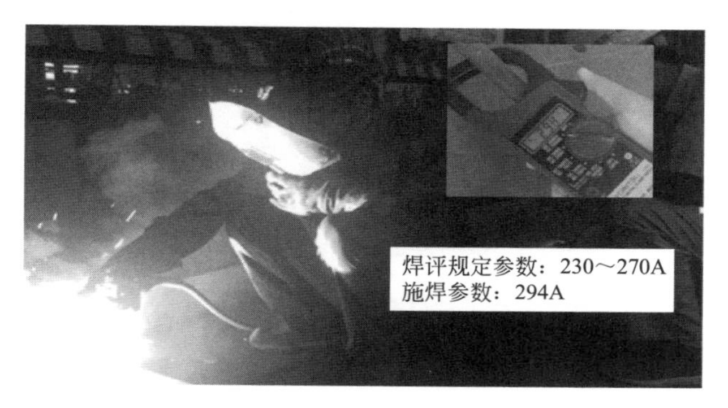

焊接参数错误现场图

焊接参数正确现场图

工艺说明

定期检查操作人员的工艺记录；加强工艺培训交底，强化过程监督。

050710 焊瘤预防

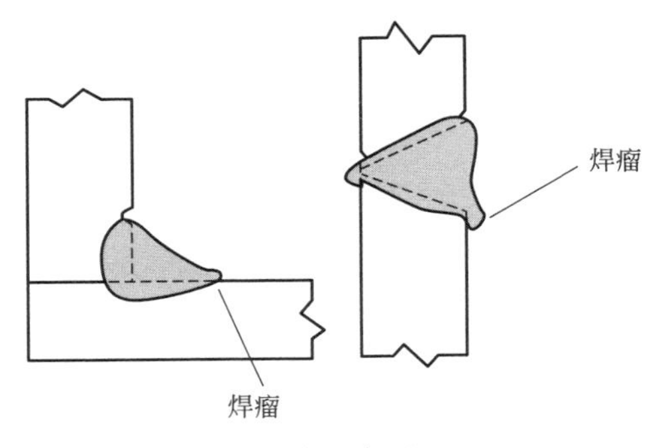

焊瘤示意图

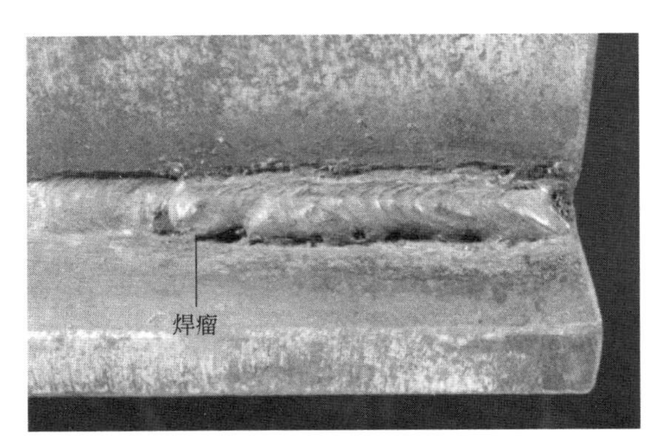

焊瘤实物图

工艺说明

控制焊丝在坡口边缘停留时间；立、仰焊时，焊接电流应比平焊小10%～15%；掌握熟练的操作技术、严格控制熔池温度。

050711 焊接冷裂纹预防

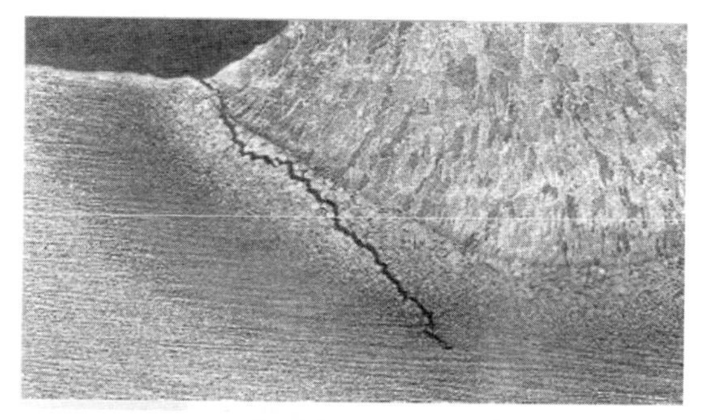

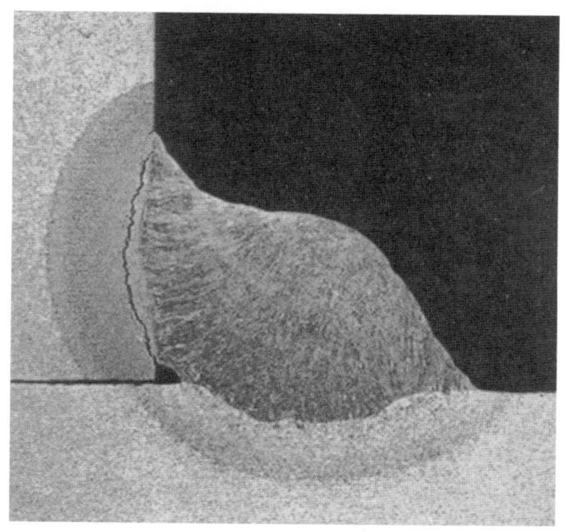

焊接冷裂纹实物图

工艺说明

合理选用焊接材料，严格控制焊接工艺，采取焊前预热、焊后保温的措施。

050712 层状撕裂预防

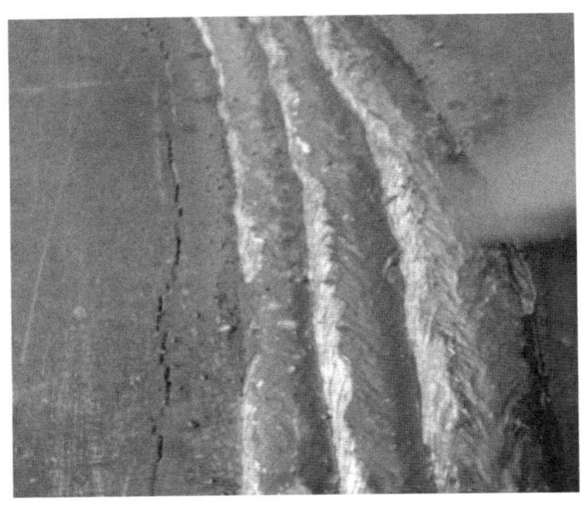

层状撕裂实物图

工艺说明

层状撕裂的源头在于母材，故严格把控材料采购，从源头控制才能有效控制层状撕裂。针对层状撕裂的返工一定要谨慎，严格遵循返修工艺，否则会出现返修次数越多裂纹越多的现象。

第八节 • 焊接缺陷返修

050801 超声波检测

超声波检测现场图

工艺说明

超声波检测应在外观检测合格之后进行。Ⅲ、Ⅳ钢材及焊接难度等级为C、D级时，应以焊接完成24h后无损检测结果作为验收依据。钢材标称屈服强度不小于690MPa或供货状态为调质状态时，应以焊接完成48h后无损检测结果作为验收依据。

050802 超声波检测实例

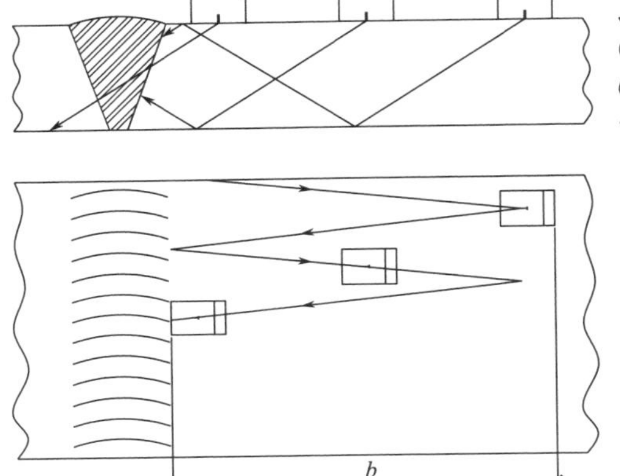

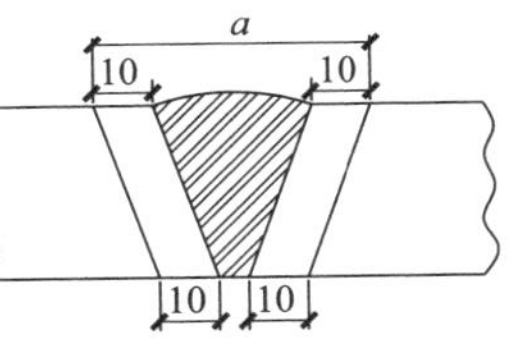

a：检测区宽度
焊缝和焊缝两侧10mm或热影响区（两者最大值）的内部区域
b：探头移动区宽度
探头移动区应足够宽，直射法按3.75倍板厚估算；一次反射法按6.25倍板厚估算

合肥绿地中央广场项目超声波检测示意图

合肥绿地中央广场项目超声波检测现场图

施工案例说明

合肥绿地中央广场项目材料进厂验收采用超声波检测。超声波检测应在外观检测合格之后进行。Ⅲ、Ⅳ钢材及焊接难度等级为C、D级时，应以焊接完成24h后无损检测结果作为验收依据。钢材标称屈服强度不小于690MPa或供货状态为调质状态时，应以焊接完成48h后无损检测结果作为验收依据。

050803 砂轮打磨

砂轮打磨施工现场图

工艺说明

需打磨的产品应放置平稳，小件需加以固定，以免在打磨过程中产品位移而导致产生加工缺陷。打磨时应紧握打磨工具，砂轮片与工作面保持15°～30°，打磨应循序渐进，不得用力过猛而导致表面凹陷。在打磨过程中发现产品表面有气孔、夹渣、裂纹等现象时应及时通知焊工补焊。打磨结束后需进行自检，打磨区域应无明显的磨纹和凹陷，周边无焊接飞溅物，符合产品设计和工艺说明。

050804 碳弧气刨

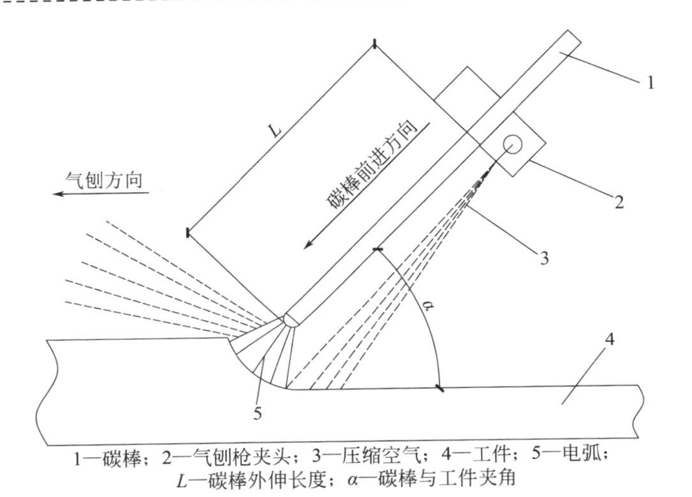

1—碳棒；2—气刨枪夹头；3—压缩空气；4—工件；5—电弧；
L—碳棒外伸长度；α—碳棒与工件夹角

碳弧气刨示意图

碳弧气刨现场图

工艺说明

焊缝根部焊道用碳弧气刨清根时，气刨坡口的中心线与焊缝中心线应重合，两者的偏差在±2mm范围之内。操作时应以短弧进行，保持刨削速度一致，碳棒外伸长度为100mm，烧损到30～40mm时，应进行调整。

第九节 • 工厂焊接

050901 手工电弧焊

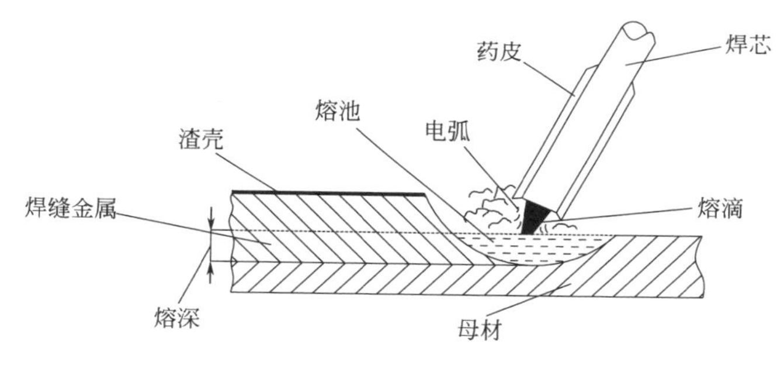

手工电弧焊示意图

手工电弧焊施工现场图

工艺说明

焊接过程中应保证焊接速度匀速稳定，焊接速度过快，熔池温度不够，易造成未焊透、未熔合、焊缝成形不良等缺陷。多层焊时应连续施焊，每一焊道焊接完成后应及时清理焊渣及表面飞溅物。焊接过程中应严格按规定的焊接工艺参数，并做好记录。

050902 CO_2 气体保护电弧焊

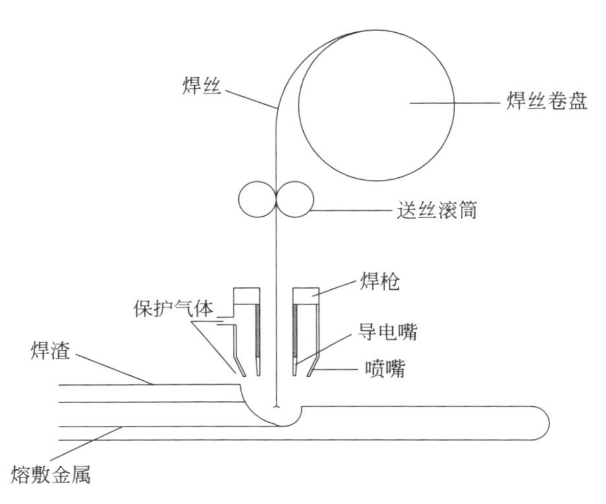

CO_2 气体保护电弧焊示意图

CO_2 气体保护电弧焊施工现场图

工艺说明

CO_2 气体保护电弧焊可用于全位置焊接。厚板焊接必须按规定做好焊前预热、层间温度控制、焊接后热等工作。焊接速度增加时，焊缝的熔深、熔宽和余高均较小，焊接速度减小时，焊道变宽，易造成焊瘤缺陷。

050903 埋弧焊

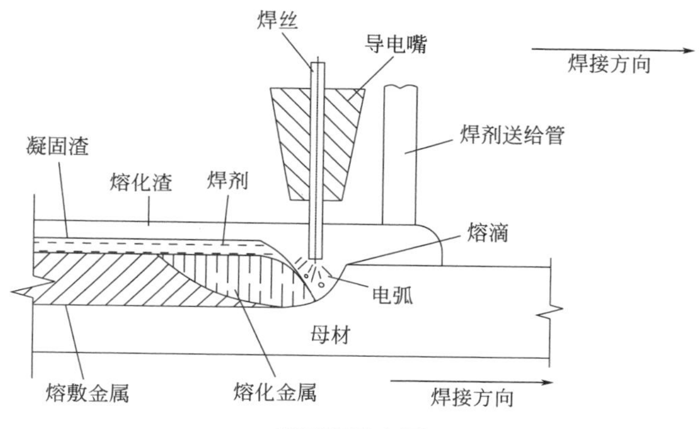

埋弧焊示意图

埋弧焊施工现场图

工艺说明

对于单丝埋弧焊，应注意焊接过程中焊丝对中焊缝，防止焊偏或咬边；对于双丝埋弧焊，应控制好双丝之间的距离，防止“拖渣”导致焊缝夹渣。控制好层道间的温度，静载结构焊接时，最大层间温度不宜超过 250℃。

050904 埋弧焊实例

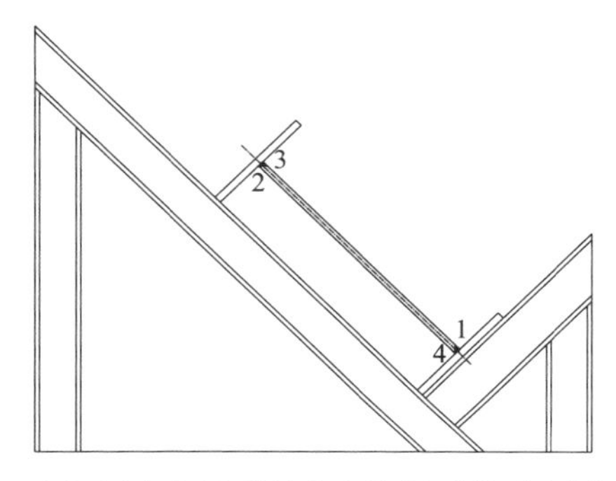

沈阳恒隆广场项目十字柱埋弧焊示意图

沈阳恒隆广场项目十字柱埋弧焊施工现场图

施工案例说明

沈阳市恒隆广场项目大截面厚板十字柱，最大截面尺寸为 2000mm×1000mm×60mm×60mm，为防止焊接时构件变形，需要在 H 形、T 形构件的对角线单侧装配三角支撑板件加固稳定，支撑板件为每隔 2m 在 H 形构件内侧均布，焊接操作严格按焊接工艺规范要求进行，焊接采用 CO_2 气体保护焊打底、填充、埋弧焊盖面。全熔透焊缝背面用碳弧气刨清根、打磨，确保焊缝的焊接质量要求。

050905 电渣焊

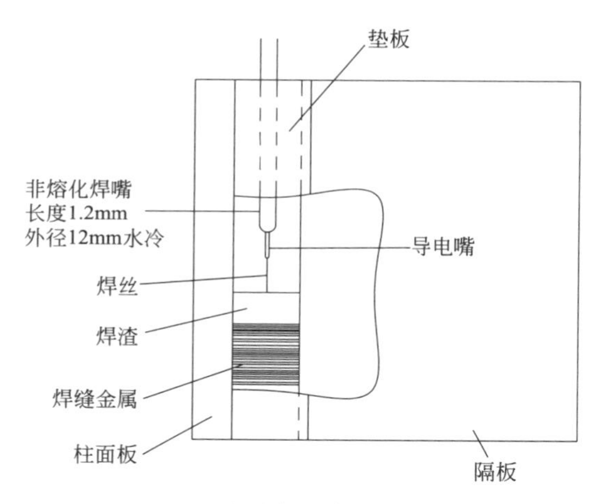

电渣焊示意图

电渣焊施工现场图

工艺说明

焊接启动时慢慢投入35～50g焊剂，焊接过程中逐渐减少焊剂添加量。采用反光镜观察渣池深度，以保持稳定的电渣过程。一旦发生漏渣，必须迅速降低送丝速度，并立即加入适量焊剂，以恢复到预定的渣池深度。

050906 电渣焊实例

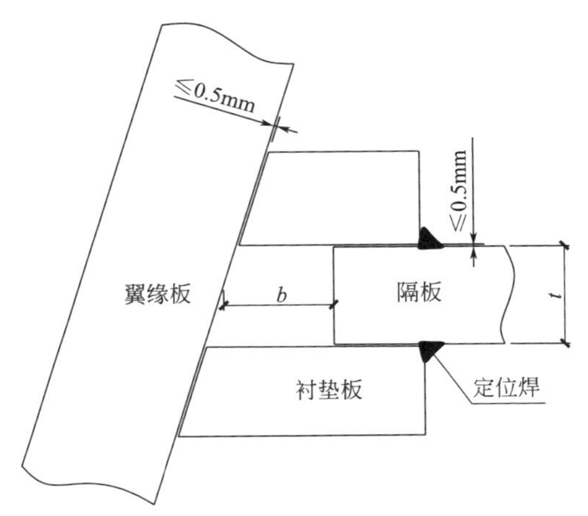

天津国贸项目日字形柱斜电渣焊示意图

天津国贸项目日字形柱斜电渣焊施工现场图

施工案例说明

天津国贸项目日字形柱截面较小［510mm×440mm×60mm×100mm（t＝30）］、板厚较大（60～100mm），平均每根柱有十几块电渣焊隔板，且内隔板为四面全熔透，其中一侧需电渣焊，电渣焊孔需要在100mm厚钢板上开孔，多块隔板装配精度要求高，电渣焊焊接质量不易保证。钢板采用数控开孔，以保证开孔质量，焊接时调整合适的设备参数，按照工艺规程进行焊接。

050907 栓钉焊

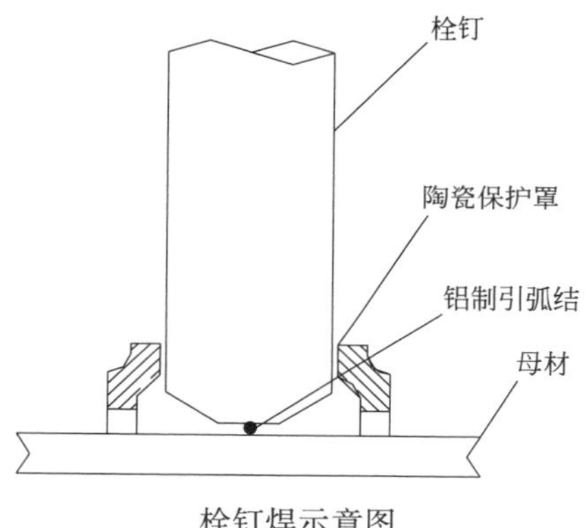

栓钉焊示意图

栓钉焊施工现场图

工艺说明

焊接用瓷环应保持干燥，如受潮应在焊前进行烘干，烘干温度为120～150℃，保温2h。待焊母材表面如存在水、氧化皮、锈蚀、非可焊涂层、油污、水泥灰渣等杂质，应清除干净。焊接作业应严格按焊接作业指导书参数要求执行。

050908 栓钉焊实例

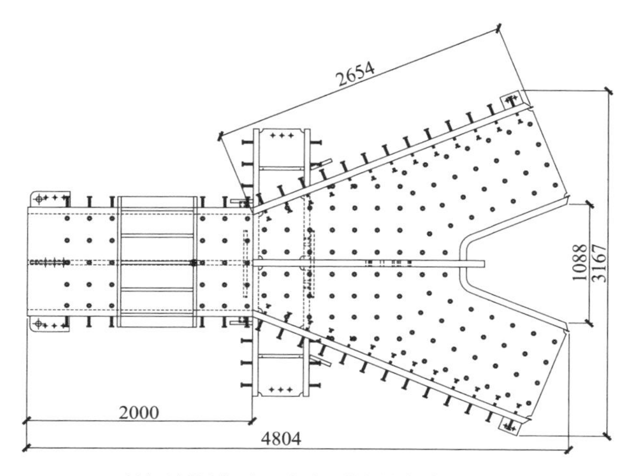

天津现代城项目人字形柱栓钉焊示意图

天津现代城项目人字形柱栓钉焊现场图

施工案例说明

天津现代城项目人字形柱上段柱为田字形截面，下段分叉柱为箱形截面，栓钉 ϕ19mm×100mm，根据工艺文件要求和栓钉在图纸上的位置尺寸，对栓钉的位置进行画线。焊枪要与工作面四周成 90°，瓷环就位，焊枪夹住栓钉放入瓷环压实。扳动焊枪开关，电流通过引弧结产生电弧，在控制时间内将栓钉熔化，随枪下压、回弹、弧断，焊接完成。

050909 机器人焊接

机器人焊接施工现场图

工艺说明

机器人焊接需进行程序设定，目前的机器人焊接适用于工厂中大批量同类型构件焊接。

050910 激光电弧复合焊

激光电弧复合焊施工现场图

工艺说明

激光电弧复合焊，是将激光和电弧两种热源相结合，获得较大的焊接熔深以及实现高效、高质量的焊接的方法。它可以结合激光和电弧二者特性，弥补激光焊和电弧焊的缺点。

050911 焊接衬垫设置

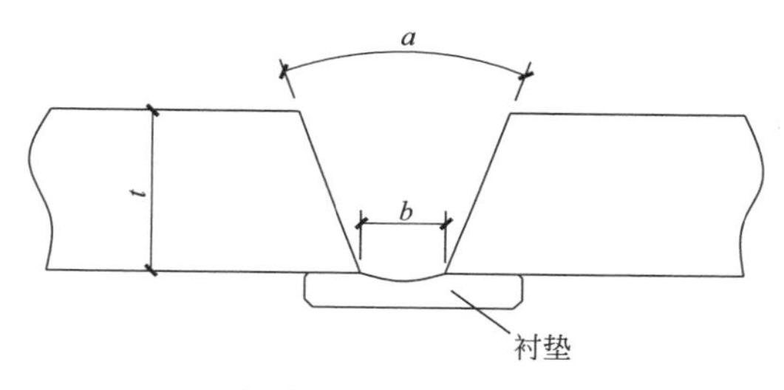

焊接衬垫设置示意图

焊接衬垫设置施工现场图

工艺说明

焊接衬垫应与接头母材金属贴合良好，若钢衬垫为外露部位，钢衬垫背面与连接件应进行通长连续焊接。若钢衬垫位置隐蔽，应进行间断焊接。使用陶瓷衬垫时，应使陶瓷衬垫与焊件贴紧贴牢，正面焊接完后剥落背面陶瓷衬垫，对局部焊缝超标的部位用补焊、打磨的方式进行修补。

050912 焊接衬垫设置实例

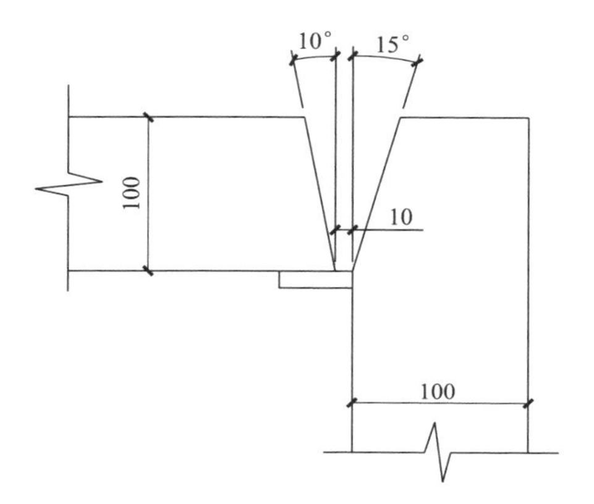

天津 117 大厦项目加强桁架角接接头示意图

天津 117 大厦项目加强桁架角接接头施工现场图

施工案例说明

天津 117 大厦项目加强桁架（板厚 80mm、100mm）角接接头，在满足设计要求的条件下，对焊缝尺寸给予优化，减小焊缝尺寸、采用防层状撕裂的坡口形式，以此达到减小母材厚度方向拉应力的目的。使用 6mm×30mm 钢衬垫，坡口内的钢衬垫不应有锈蚀、水分和油污等影响焊接质量的杂质。

050913 焊缝焊脚高度

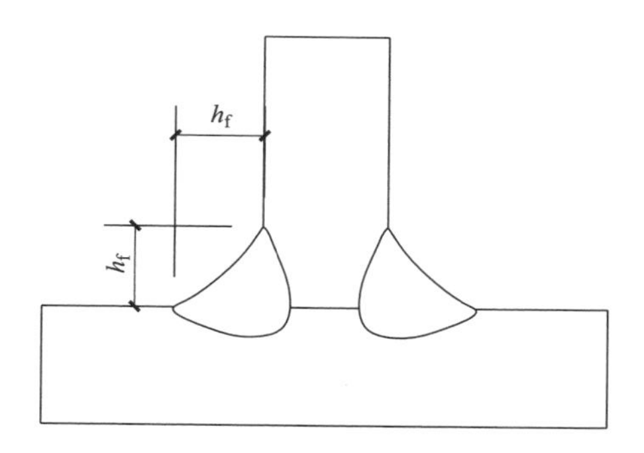

焊缝焊脚高度示意图

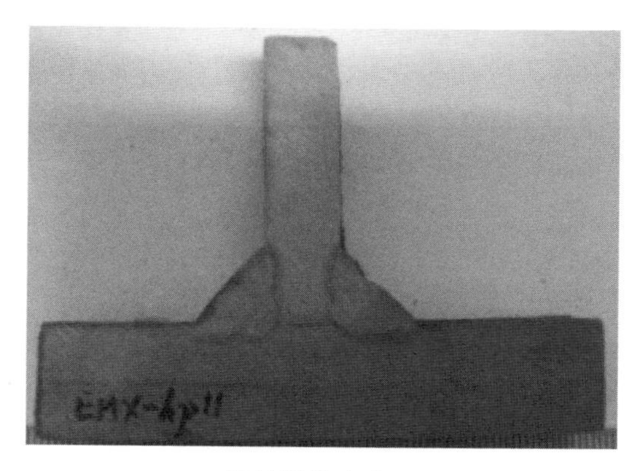

焊缝焊脚实物图

工艺说明

熔透、熔深焊缝，焊脚高度，设计未明确时，其尺寸不应小于 $t/4$（t 为焊接板厚）且不应大于 10mm，其允许偏差为 0～＋4mm。

角焊缝按设计图纸施工，主要角焊缝焊脚高度允许偏差为 0～＋2mm，其他角焊缝焊脚高度允许偏差为－1～＋3mm。

050914 过焊孔

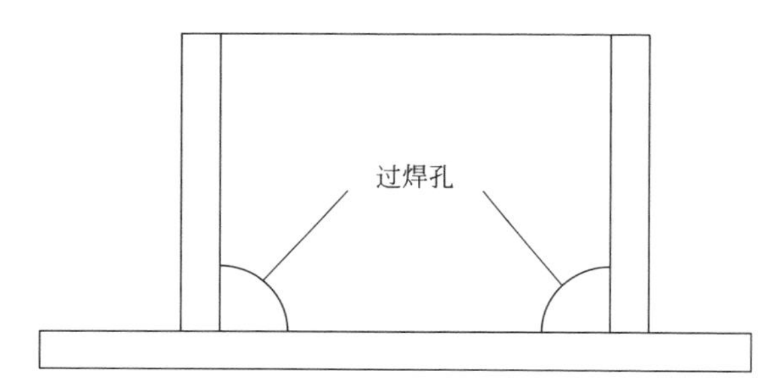

过焊孔示意图

过焊孔实物图

工艺说明

过焊孔需采用数控火焰、等离子、锁口机或半自动火焰等切割设备进行加工，过焊孔表面不得有氧化铁、毛刺等，表面应光滑、平整，外形尺寸符合工艺要求。

050915 引弧板、引出板

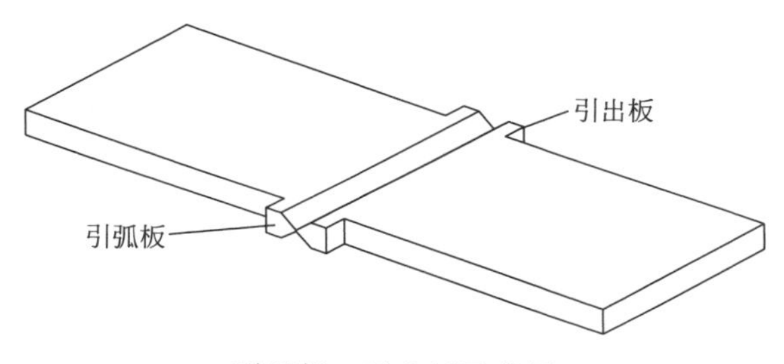

引弧板、引出板示意图

引弧板、引出板实物图

工艺说明

埋弧焊引弧板、引出板长度应大于 80mm。电渣焊使用铜制引熄弧块，长度不应小于 100mm，弧槽的深度不应小于 50mm，引弧板、引出板宜采用火焰切割、碳弧气刨或机械等方法去除，不得伤及母材，严禁锤击去除引弧板、引出板。

第六章　紧固件连接

第一节 ● 连接件加工及摩擦面处理

060101 接触面间隙的处理

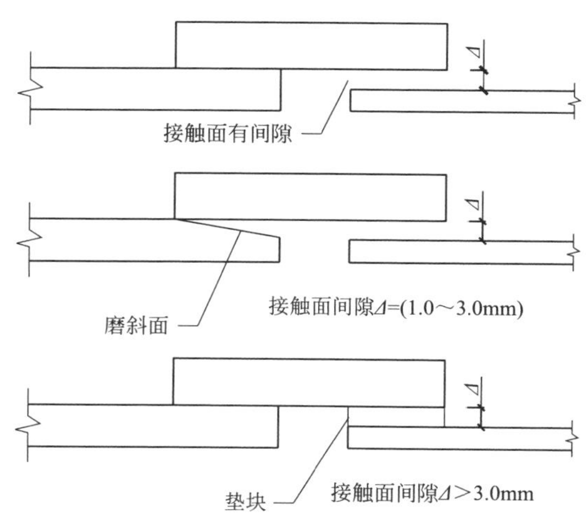

接触面间隙处理示意图

工艺说明

高强度螺栓摩擦面对因板厚公差、制造偏差或安装偏差等产生的接触面间隙，当间隙Δ＜1.0mm时不予处理；当Δ＝(1.0～3.0mm）时将厚板一侧磨平成1∶10缓坡，使间隙小于1.0mm；当Δ＞3.0mm时加垫板，厚度不应小于3.0mm，最多不超过3层，垫板材质和摩擦面处理方法应与构件相同。

060102 接触面间隙的处理实例

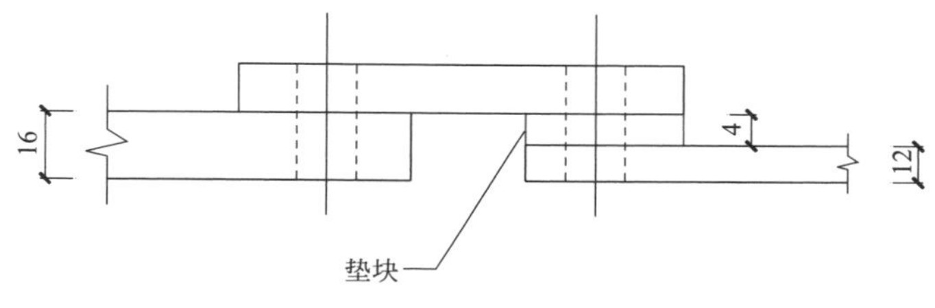

接触面间隙的处理示意图

施工案例说明

两腹板厚度不同（腹板厚度分别为 12mm、16mm）的钢梁通过连接板、螺栓连接，连接时在连接板与 12mm 钢梁腹板之间设置 4mm 垫块，保证两侧钢板厚度统一，满足摩擦接触面要求。

060103 摩擦面处理

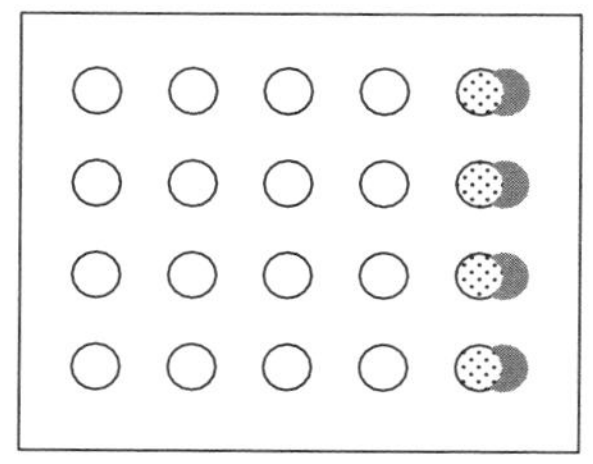

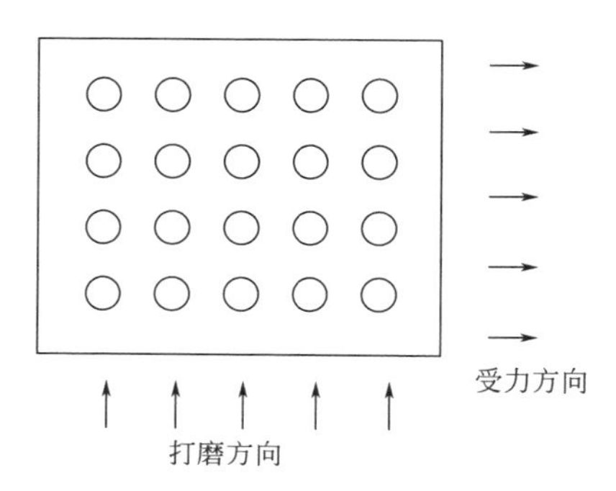

摩擦面处理示意图

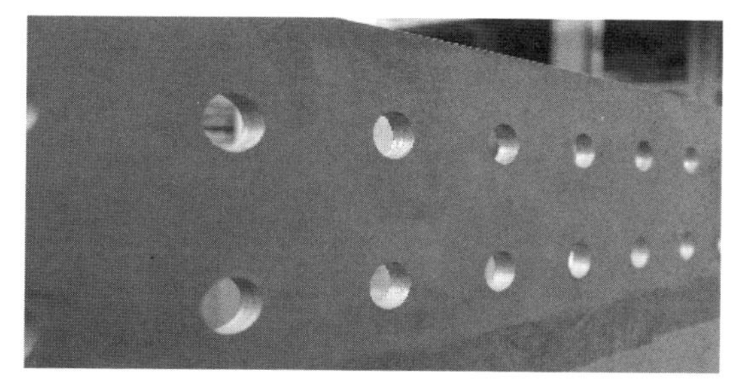

摩擦面处理实物图

工艺说明

螺栓孔孔距超过允许偏差时，可采用与母材相匹配的焊材补焊，检测合格后重新制孔，制孔数量不得超过该孔群螺栓数量的20%。

采用手动砂轮打磨时，打磨方向应与受力方向垂直，且打磨范围不应小于螺栓孔径的4倍。

经处理后的摩擦面，应符合以下规定：摩擦面应保持干燥、清洁，不应有飞边、毛刺、焊接飞溅物、焊疤、氧化铁皮、污垢等。

060104 摩擦面处理实例

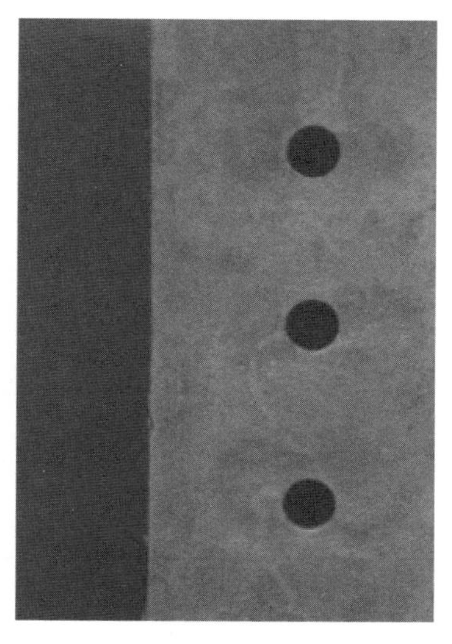

摩擦面处理施工现场图

施工案例说明

图片中构件螺栓孔有偏差，采用与母材相匹配的焊条补焊，检测合格后重新制孔。

摩擦面采用现场手动砂轮打磨，打磨范围不应小于螺栓孔径的 4 倍。

第二节 • 普通紧固件连接

060201 螺栓长度选择

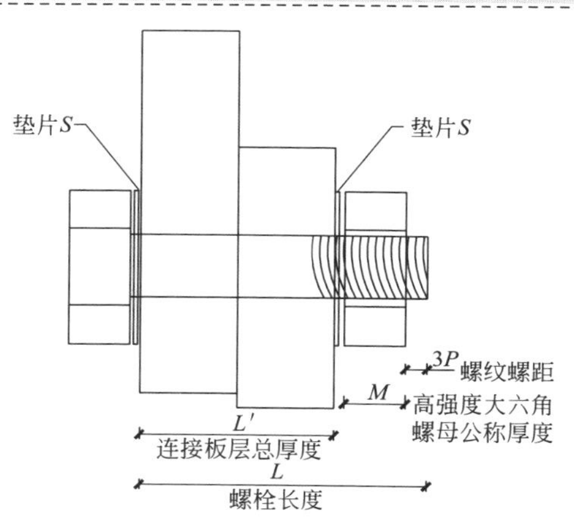

螺栓长度选择示意图

工艺说明

螺栓的长度根据螺栓直径、连接板层总厚度、材料和垫圈的种类等计算，一般紧固后外露丝扣为2～3扣，然后根据要求配套备用。

计算式如下：$L=L'+\Delta L$，其中 $\Delta L=M+NS+3P$，

式中：L——螺栓长度；

L'——连接板层总厚度；

M——高强度大六角螺母公称厚度；

N——垫圈个数；

S——高强度垫圈公称厚度；

P——螺纹螺距；

ΔL——附加长度，即紧固长度加长值。

附加长度按照“2舍3入，7舍8入”取5mm的整数倍。

060202 普通螺栓的紧固

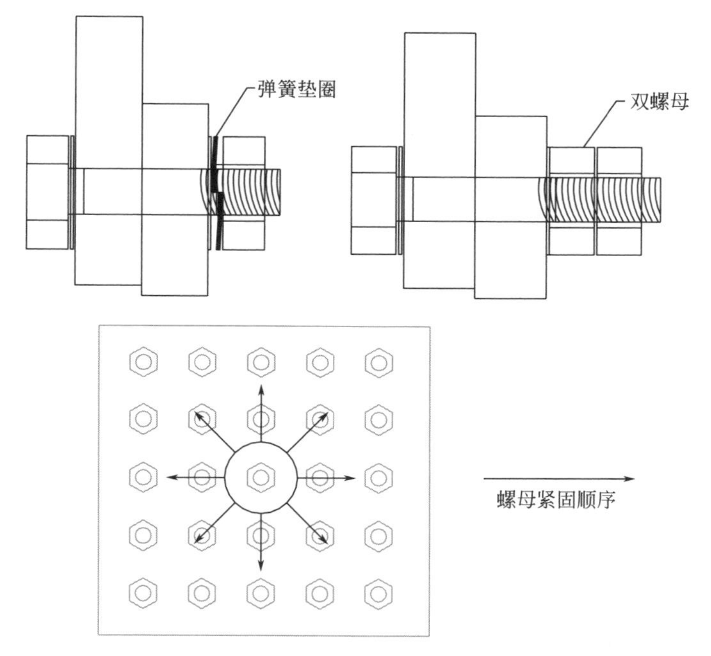

普通螺栓的紧固示意图

工艺说明

螺栓头和螺母下面应放置平垫圈；每个螺栓一端不得垫两个及以上的垫圈，并不得采用螺母代替垫圈。

拧紧后，外露丝扣不应少于 2 扣；对于设计有防松动要求的应采用有防松装置的螺母或弹簧垫圈，弹簧垫圈必须设置在螺母一侧；对于工字钢、槽钢应尽量使用斜垫圈。

螺栓的紧固次序应从中间开始，对称向两边进行；对于大型接头应采用复拧，保证接头内各个螺栓能均匀受力。

060203 普通螺栓的检验

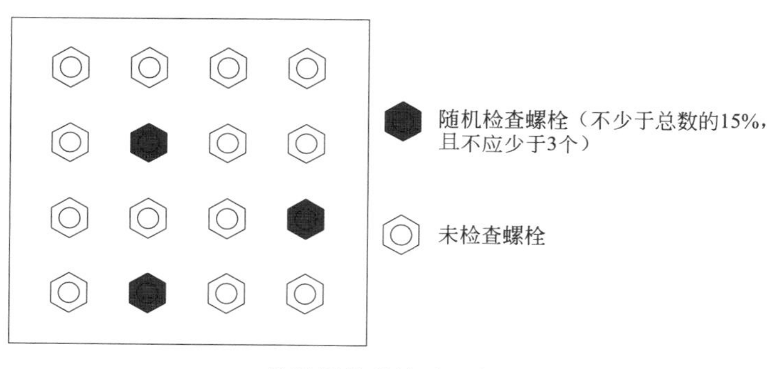

普通螺栓的检验示意图

工艺说明

普通螺栓品种、规格、性能等应符合国家现行标准和设计要求。全数检查产品的质量合格证明文件、中文标识及检验报告等。

抽查连接节点数的 3%，且不应少于 3 个。

永久性普通螺栓紧固应牢固、可靠，可用锤击法检查，即用 0.3kg 小锤锤敲，要求螺栓头（螺母）不偏移、不颤动、不松动，锤声比较干脆。

用小锤敲击检查连接节点内螺栓数量的 15%，且不应少于 3 个。

第三节 • 高强度螺栓连接

060301 高强度螺栓长度确定

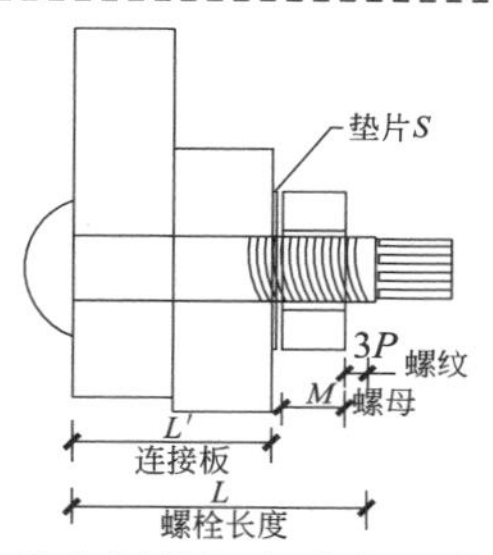

高强度螺栓长度确定示意图

工艺说明

扭剪型高强度螺栓的长度为螺头下支承面至螺尾切口处的长度。

高强度螺栓长度计算式：$L=L'+\Delta L$，其中 $\Delta L=M+NS+3P$，

式中：L——螺栓的长度；

L'——连接板层总厚度；

ΔL——附加长度，即紧固长度加长值；

M——高强度螺母公称厚度；

N——垫圈个数；

S——高强度垫圈公称厚度；

P——螺纹的螺距。

高强度螺栓的紧固长度加长值＝螺栓的长度－连接板层总厚度。一般按连接板厚加附加长度取值，并取5mm的整倍数。

高强度螺栓附加长度 ΔL（mm）

螺栓公称直径	M12	M16	M20	M22	M24	M27	M30
高强度螺母公称厚度	12.0	16.0	20.0	22.0	24.0	27.0	30.0
高强度垫圈公称厚度	3.00	4.00	4.00	5.00	5.00	5.00	5.00
螺纹的螺距	1.75	2.00	2.50	2.50	3.00	3.00	3.50
高强度大六角螺栓附加长度	23.0	30.0	35.5	39.5	43.0	46.0	50.5
扭剪型高强度螺栓附加长度	—	26.0	31.5	34.5	38.0	41.0	45.5

060302 高强度螺栓长度确定实例

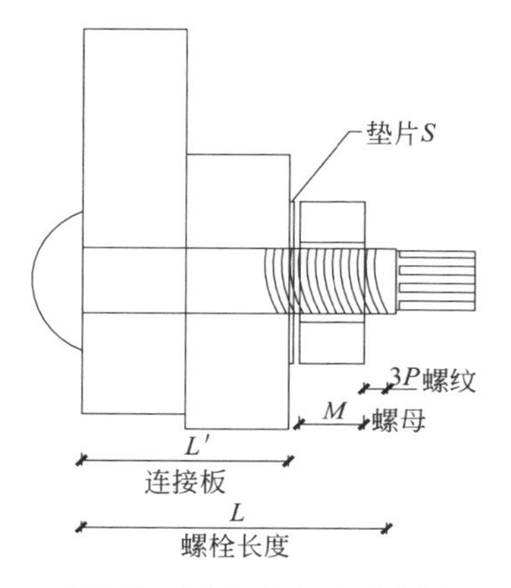

高强度螺栓长度确定示意图

高强度螺栓实物图

施工案例说明

石家庄新合作大厦项目，部分梁柱采用M20扭剪型高强度螺栓通过连接板连接。

螺栓的长度计算公式为$L=L'+\Delta L$。

例：连接板厚12mm、腹板厚14mm，$L'=12\text{mm}+14\text{mm}=26\text{mm}$，高强度螺栓直径为20mm，查表可知$\Delta L=31.5\text{mm}$，计算可得螺栓的长度$L=26\text{mm}+31.5\text{mm}=57.5\text{mm}$，故螺栓型号选为M20mm×60mm。

060303 高强度大六角螺栓的紧固

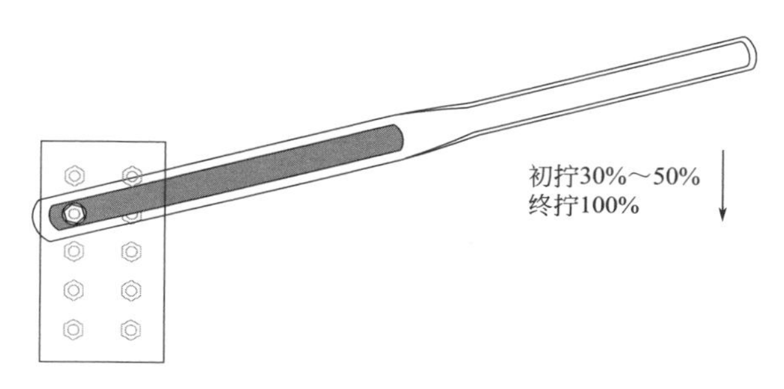

高强度大六角螺栓的紧固示意图

高强度大六角螺栓的紧固施工现场图

工艺说明

扭矩法分初拧和终拧二次进行。初拧扭矩为终拧扭矩的30%～50%，再用终拧扭矩把螺栓拧紧。如板叠较多，要在初拧和终拧之间增加复拧。

转角法也分初拧和终拧二次进行，初拧用定扭矩扳手以终拧扭矩的30%～50%进行，用扭矩扳手使螺母转动一个角度，使螺栓达到终拧要求，角度在施工前做试验统计确定。高强度大六角螺栓也可以采用定扭矩电动扳手紧固。

060304 高强度大六角螺栓的紧固实例

高强度大六角螺栓的紧固施工现场图

施工案例说明

使用高强度大六角螺栓，采用扭矩法施拧，分初拧和终拧二次拧紧。初拧扭矩为终拧扭矩的30%～50%，再终拧把螺栓拧紧。为防止漏拧，初拧和终拧完毕后在螺栓及螺母上画线做标识。

060305 扭剪型高强度螺栓的紧固

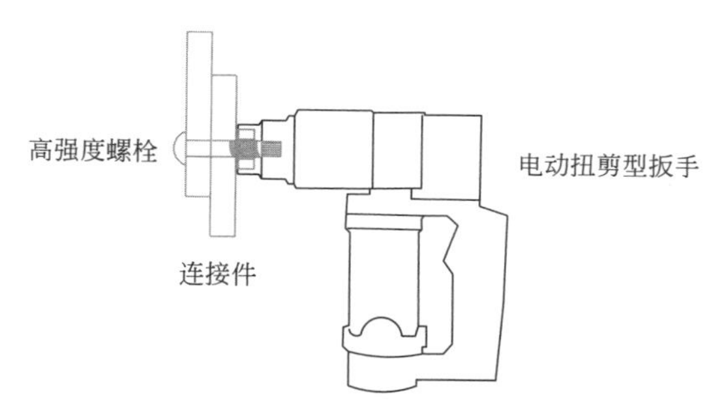

扭剪型高强度螺栓的紧固示意图

扭剪型高强度螺栓的紧固施工现场图

工艺说明

扭剪型高强度螺栓紧固分初拧和终拧进行。

初拧用定扭矩扳手，以终拧扭矩的30%～50%进行，使接头各层钢板充分密贴，初拧完毕后，做好标识以供确认。

终拧用定扭矩电动扳手把梅花头拧掉，使螺栓杆达到设计要求的轴力。对于初拧的板层达不到充分密贴时应增加复拧，复拧扭矩和初拧扭矩相同或略大。

060306 扭剪型高强度螺栓的紧固实例

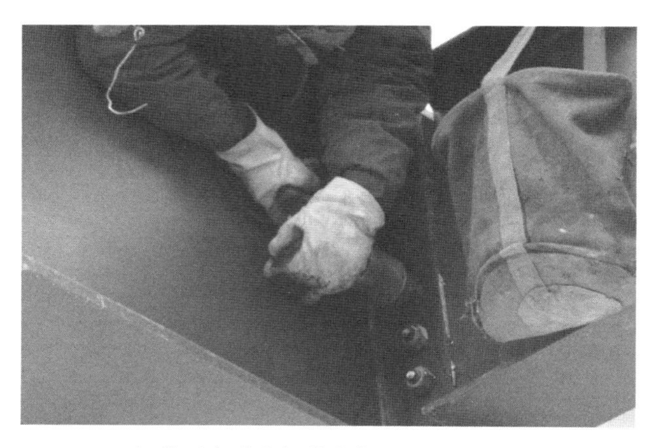

扭剪型高强度螺栓的紧固施工现场图

施工案例说明

采用扭剪型高强度螺栓连接完成初拧后，用高强度螺栓枪按顺序进行终拧。当梅花头被拧断时，标志着扭剪型高度强螺栓终拧完毕。

060307 扭转法紧固的检查

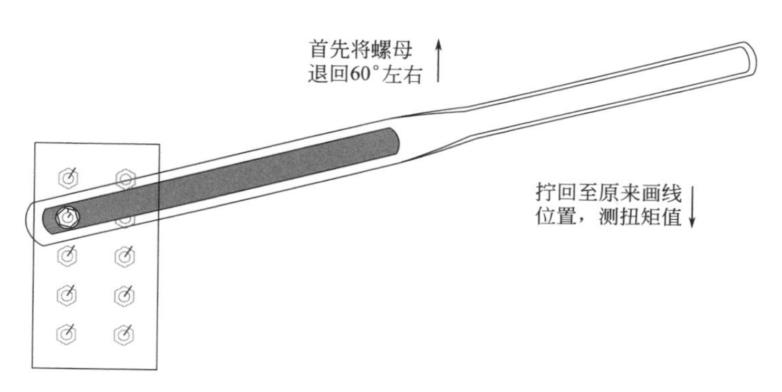

扭转法紧固的检查示意图

工艺说明

在螺尾端头和螺母相对位置处画线，将螺母退回60°左右后，再用扭矩扳手测定拧回至原来位置时的扭矩值。该扭矩值与施工扭矩值的偏差在10%以内为合格。

高强度螺栓连接副终拧扭矩值按下式计算：$T_c = K \times P_c \times d$。

式中：T_c——终拧扭矩值；

P_c——施工预拉力标准值；

d——螺栓公称直径；

K——扭矩系数。

高强度大六角螺栓连接副初拧扭矩值 T_0 可按 $0.5T_c$ 取值。

060308 扭转法紧固的检查实例

扭转法紧固的检查现场图

施工案例说明

以 M24mm×70mm 高强度大六角螺栓，采用扭转法紧固检查为例；

高强度螺栓连接副终拧扭矩值：$T_c = K \times P_c \times d =$ 822N·m。

检查前，在螺尾端头和螺母相对位置画线，将螺母退回 60°左右用扭矩扳手测定拧回至原位置时的扭矩值为 805N·m。该值与终拧扭矩值的偏差为 2.1%，在 10%以内为合格。

060309 转角法紧固的检查

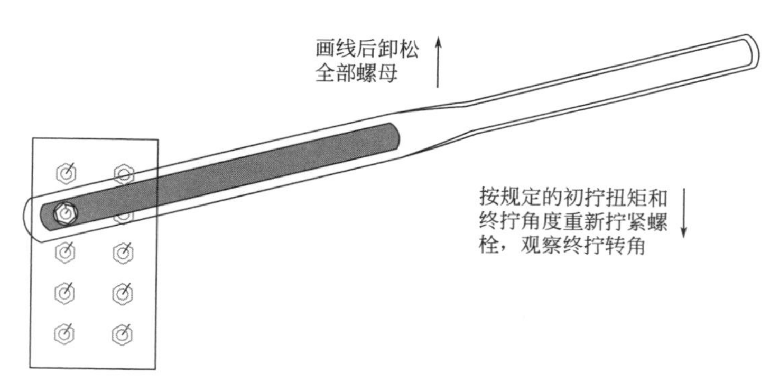

转角法紧固的检查示意图

工艺说明

检查初拧螺母相对位置所画的终拧起始线和终止线所夹的角度是否达到规定值。

在螺尾端头和螺母相对位置画线，然后卸松全部螺母再按规定的初拧扭矩和终拧角度重新拧紧螺栓，观察与原画线是否重合，终拧转角偏差在10°以内为合格。

终拧转角与螺栓直径长度等因素有关，应做试验确定。

060310 转角法紧固的检查实例

转角法紧固的检查现场图

施工案例说明

以 M24mm×70mm 高强度大六角螺栓，采用转角法紧固检查为列。

高强度螺栓连接副终拧扭矩值：$T_c = K \times P_c \times d = 822\text{N} \cdot \text{m}$。

在螺尾端头和螺母相对位置画线然后卸松全部螺母，再按规定的初拧扭矩和终拧角度重新拧紧螺栓，观察与原画线偏差角度为6°，终拧转角偏差在10°以内合格。

第四节 • 单向自锁式高强度螺栓连接

060401 螺栓长度选择

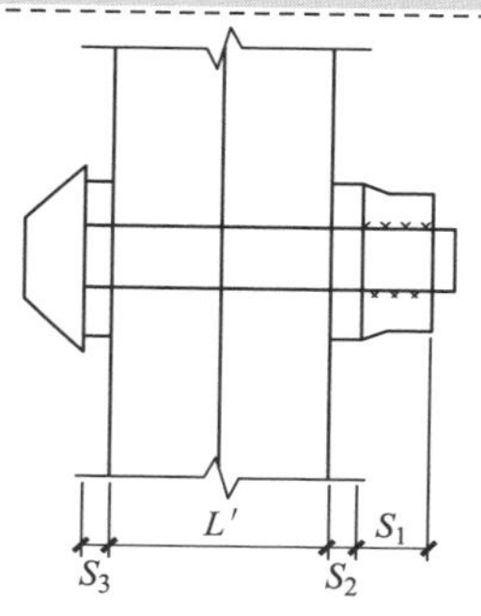

螺栓长度图片示意

工艺说明

单向自锁式高强度螺栓的长度应保证在终拧后，螺栓外露丝扣为 2～3 扣，其长度应按下式计算：

$$L = L' + \Delta L$$

式中：L'——连接板层总厚度；

P——螺纹的螺距；

S_1、S_2、S_3——分别为高强度螺母公称厚度、高强度垫圈公称厚度、分体垫片公称厚度；

ΔL——单向自锁式高强度螺栓附加长度，$\Delta L = S_1 + S_2 + S_3 + 3P$。

高强度垫圈公称厚度、分体垫片公称厚度等，见下表。

高强度垫圈公称厚度、分体垫片公称厚度表

螺栓公称直径	M16	M20	M24	M30
高强度螺母公称厚度 S_1(mm)	16.0	20.0	24.0	30.0
高强度垫圈公称厚度 S_2(mm)	4.00	4.00	5.00	5.00
分体垫片公称厚度 S_3(mm)	6.0	9.0	9.0	11.0
螺纹的螺距 P(mm)	2.00	2.50	3.00	3.50
单向自锁式高强度螺栓附加长度 ΔL(mm)	32.0	40.5	47.0	56.5

060402 螺栓的紧固

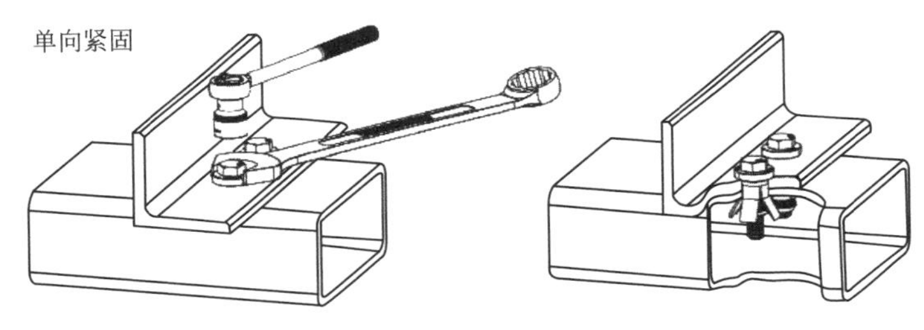

螺栓的紧固示意图

工艺说明

单向自锁式高强度螺栓的预拉力设计值 P（kN）只与螺栓性能等级有关，施工方法同普通高强度螺栓，单向自锁式高强度螺栓的预拉力设计值 P（kN）应按表：

单向自锁式高强度螺栓的预拉力设计值 P（kN）

螺栓的性能等级	螺栓公称直径			
	M16	M20	M24	M30
10.9s	100	155	225	355

060403 应用实例（外伸式端板连接接头）

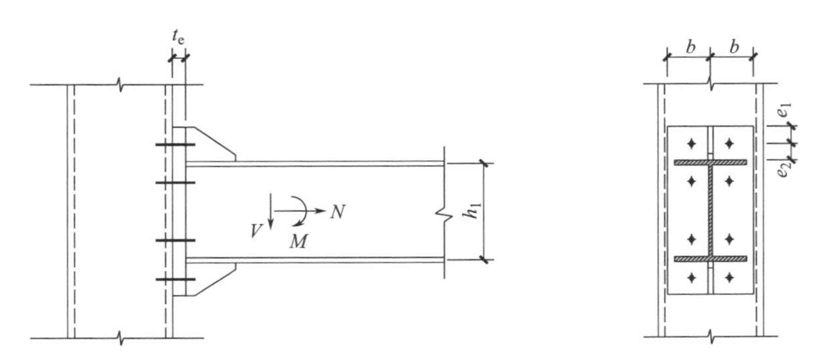

单向自锁式高强度螺栓外伸式端板连接接头示意图

单面自锁式高强度螺栓外伸式端板连接接头实例照片

设计说明

单向自锁式高强度螺栓外伸式端板连接为在梁端头焊接外伸端板，再与冷成型钢管或箱形截面构件通过单向自锁式高强度螺栓摩擦型连接形成。连接可同时承受轴力、弯矩与剪力，适用于采用封闭截面构件的钢结构框架（刚架）梁柱连接。

060404 应用实例（拼接接头）

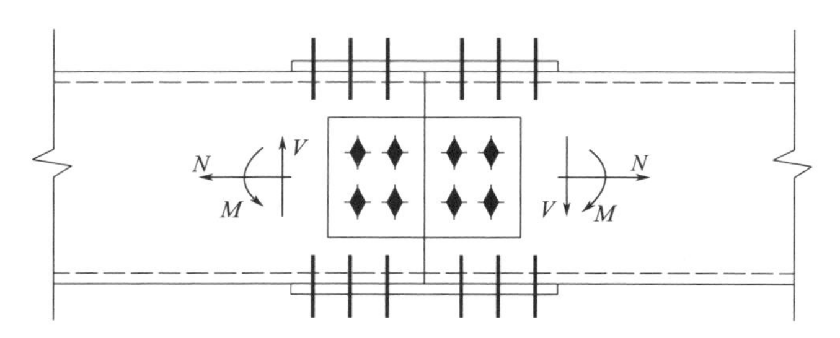

单向自锁式高强度螺栓拼接接头示意图

单向自锁式高强度螺栓拼接接头实例图

设计说明

单向自锁式高强度螺栓拼接接头适用于箱形截面构件的现场拼接，其连接形式应采用摩擦型连接。拼接接头宜按等强原则设计，也可根据使用要求按接头处最大内力设计。当构件按地震组合内力进行设计计算并控制截面选择时，尚应按国家标准《建筑抗震设计规范》GB 50011—2010 进行接头极限承载力的验算。

060405 应用实例（受拉连接接头）

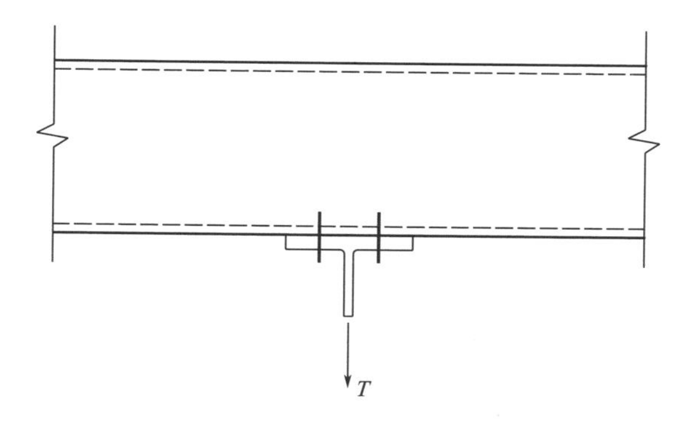

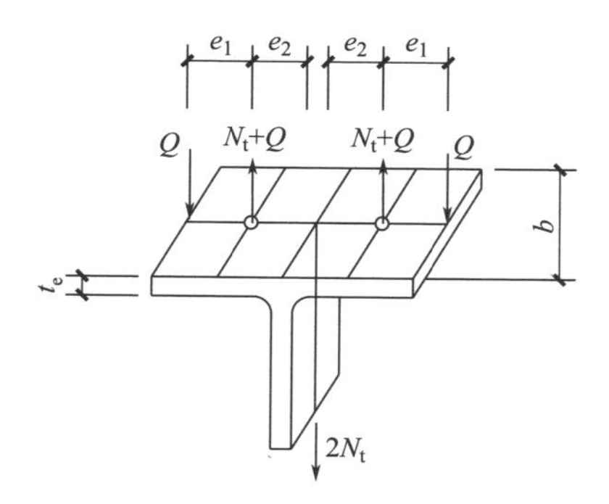

单向自锁式高强度螺栓受拉连接接头示意图

设计说明

单向高强度螺栓沿螺栓杆轴方向受拉连接接头，由 T 形受拉件与单向自锁式高强度螺栓连接承受并传递拉力，适用于吊挂 T 形件连接接头。

第五节 • 紧固件连接常见问题原因及控制方法

060501 高强度螺栓安装方向不一致

通病照片

合格照片

工艺说明

原因：未按高强度螺栓方案中安装方向的要求进行安装。

标准：高强度螺栓安装方向应符合方案设计要求，且方向一致。

控制方法：加强交底培训，强化过程监督。

060502 摩擦面未清理

通病照片

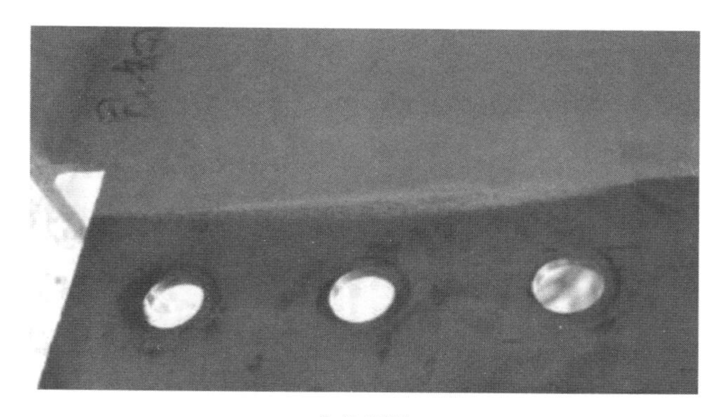

合格照片

工艺说明

原因：构件堆放时间较长，吊装前未清理浮锈、污垢、胶纸等杂物。

标准：高强度螺栓连接摩擦面应保持干燥、整洁，不应有飞边、毛刺、焊接飞溅物、焊疤、氧化铁皮、污垢等。

控制方法：施工前对存在浮锈、污垢、胶纸等杂物的摩擦面进行彻底清理。

060503 螺母、垫圈安装方向错误

通病照片

合格照片

工艺说明

原因：安装随意，未严格按标准要求执行。

标准：扭剪型：螺母带圆台面一侧朝向有垫圈有倒角一侧；大六角：螺栓头下垫圈有倒角一侧应朝向螺栓头，螺母带圆台面一侧朝向有垫圈有倒角一侧。

控制方法：高强度螺栓螺母垫圈安装方向应符合标准规定。

060504 安装螺栓数量不够

通病照片

合格照片

工艺说明

原因：作业人员未按标准施工。

标准：每个节点上穿入螺栓数量不应少于安装孔总数的1/3，且不应少于2个。

控制方法：加强交底培训，强化过程监督。

060505 高强度螺栓用作安装螺栓

通病照片

合格照片

工艺说明

原因：随意使用高强度螺栓用作安装螺栓。

标准：在安装过程中，严禁将高强度螺栓用作安装螺栓。

控制方法：加强交底培训，强化过程监督。

060506 施拧顺序不当

通病照片

合格照片

工艺说明

原因：作业人员未按标准施工。

标准：一般按照由中心到四周的顺序进行施拧，特殊节点施拧需特殊处理。

控制方法：加强交底培训，强化过程监督。

060507 火焰切割扩孔

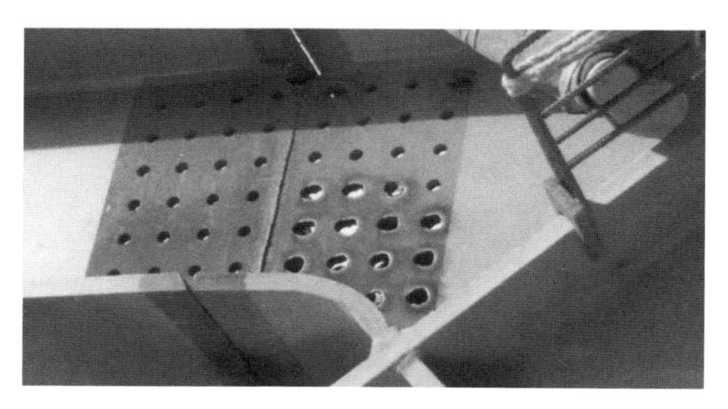

通病照片

合格照片

工艺说明

原因：构件制造尺寸超差、钢柱轴线、垂直度偏差过大。

标准：螺栓不能自由穿入时，不得采用火焰切割扩孔；修整后的最大孔径不超过螺栓直径的 1.2 倍。

控制方法：加强构件进场验收，保证钢柱轴线垂直度满足要求。

060508 终拧扭矩不达标

通病照片

合格照片

工艺说明

原因：高强度大六角螺栓未使用扭矩扳手进行施拧；扭矩扳手未检定。

标准：高强度大六角螺栓连接副施拧采用扭矩扳手，扭矩扳手校正相对误差不得大于±5%，满足扭矩值要求。

控制方法：操作人员应使用扭矩扳手施拧；确保扭矩扳手在检定有效期内。

060509 强行锤击穿入螺栓

通病照片

合格照片

工艺说明

原因：操作随意性大。

标准：不应强行锤击穿入螺栓。

控制方法：使用冲钉辅助穿入螺栓。

060510 外露丝扣长度不当

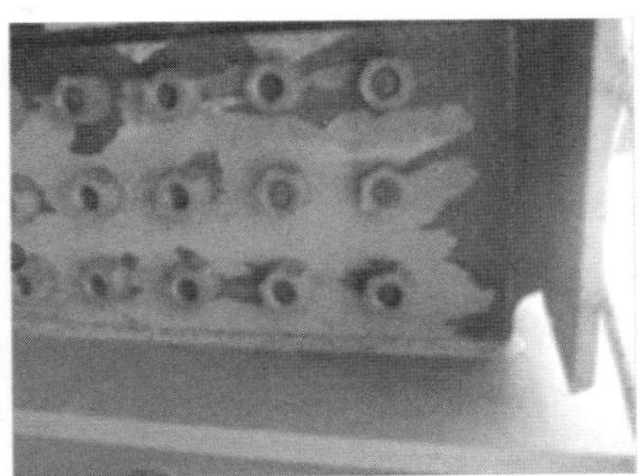

通病照片

合格照片

工艺说明

原因：连接板本身不平整；接触面间存在杂物、毛刺、飞溅；螺栓长度、连接板厚度选用不当，螺栓未终拧。

标准：高强度螺栓终拧后外露丝扣为2～3扣。

控制方法：加强连接板平整度检查，安装前清除接触面间杂物；正确选用螺栓及连接板，确保螺栓终拧合格。

060511 高强度螺栓未初拧直接终拧

通病照片

合格照片

工艺说明

原因：作业人员未按标准施工。

标准：高强度螺栓的拧紧分为初拧、终拧。大型节点分为初拧、复拧、终拧。大六角：初拧和复拧扭矩为终拧扭矩的 50%左右；扭剪型：初拧和复拧扭矩见行业标准《钢结构高强度螺栓连接技术规程》JGJ 82—2021 表 6.4.15。

控制方法：加强交底培训，强化过程监督，严格按照标准施工。

第七章　涂装工程

第一节 • 钢结构防腐涂装

070101 手工除锈方法

手工除锈工厂施工现场图

操作时，操作人员使用铁砂纸、铲刀、钢丝刷、磨光机等手工机械进行打磨除锈

常用钢结构表面清洁度等级为 SIS Sa2.5

手工除锈主要用于小型构件和复杂外形构件上的除锈处理，比较经济

小型构件手工除锈实物图

工艺说明

手工除锈是指手工操作机具，利用冲击和摩擦作用除去钢构件锈蚀直到表面符合工程技术要求的除锈方法。此方法劳动强度大、生产效率低，但操作简便灵活、适用性强，迄今仍广泛使用。

施工注意事项：手工除锈操作人员应正确佩戴专用劳保用品。除锈完成后构件应在 4h 内涂装。

070102 喷射（抛丸）除锈

钢丸：硬度高，对表面氧化皮的除去十分有效，最小密度 7.2g/cm^3

钢砂：硬度很高，在喷砂作业中会始终保持棱角，对形成规则的、发毛的表面特别有效，最小密度 7.2g/cm^3

钢丸

钢砂

喷射（抛丸）除锈施工现场图

表面清洁度为 SIS Sa2.5 级，钢丸和钢砂的配比（重量比）为：60～50：40～50，冲砂压力在 6kg 以上

工艺说明

根据构件尺寸、特点加设胎架，合理放置，翻身应尽量确保构件表面有效接触面最大。抛丸后的构件，用压缩空气清除其内部残留金属磨料、灰尘等，表面粗糙度符合工程涂装技术要求。

070103 钢构件除锈实例

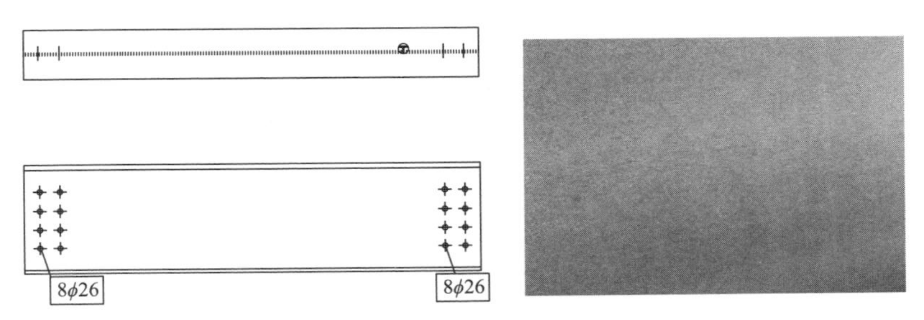

三一树根互联项目构件示意图及除锈完成面实物图

三一树根互联项目构件除锈前后对比图

施工案例说明

三一树根互联项目钢构件表面除锈等级要求为 SIS Sa2.5 级。

070104 刷涂法施工

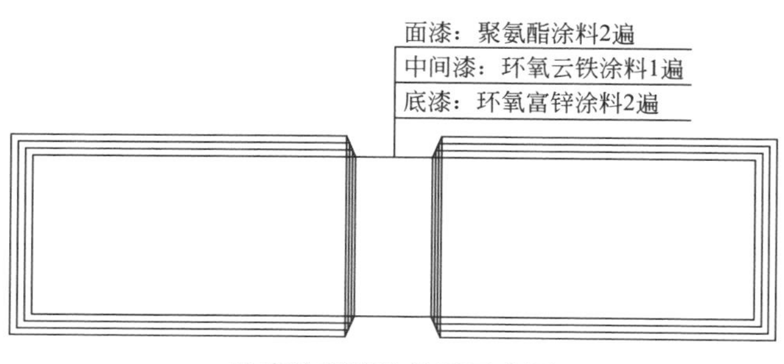

防腐涂料刷涂涂层示意图

防腐涂料刷涂法工厂施工现场图

工艺说明

此方法主要运用于钢构件局部预涂、补涂。被刷涂表面确保在刷涂前满足涂装条件。均匀刷涂，油漆无流挂。施工顺序：底漆→中间漆→面漆。刷涂油漆厚度及颜色按工程相应要求验收。

070105 手工滚涂法

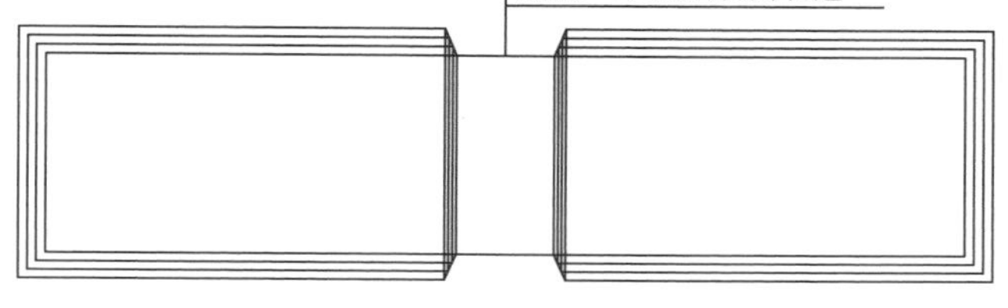

防腐涂料手工滚涂涂层示意图

防腐涂料手工滚涂法工厂施工现场图

工艺说明

此方法主要运用于钢构件油漆预涂、补涂，滚涂前清理被涂刷表面，无异物、焊瘤、钢丸。单次滚涂漆膜厚度约为：20～30μm，匀速滚涂。施工顺序：底漆→中间漆→面漆。滚涂法漆膜厚度较刷涂法更均匀，漆膜厚度及颜色按工程要求验收。

070106 空气喷涂法

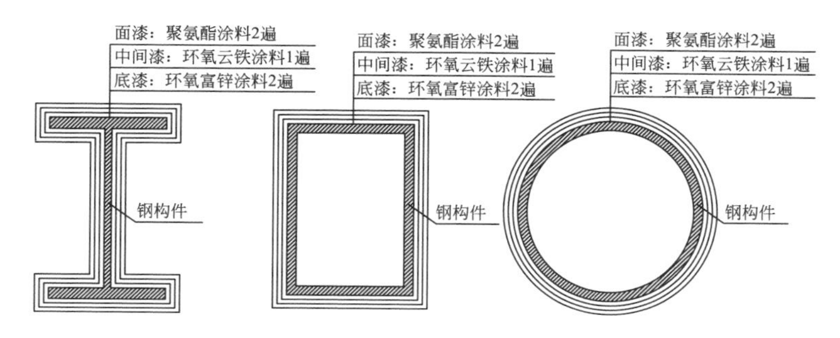

防腐涂料空气喷涂涂层示意图

防腐涂料空气喷涂法工厂施工现场图

工艺说明

根据油漆种类选取与之对应的喷嘴，喷嘴到构件表面距离300～800mm为宜，喷嘴轴线与构件表面夹角30°～80°；喷幅宽度小件100～300mm，大件300～500mm，涂机进气压力0.3～0.6MPa，喷枪运行速度0.6～1.0m/s为宜。施工顺序：底漆→中间漆→面漆。

070107 防腐涂料涂装实例

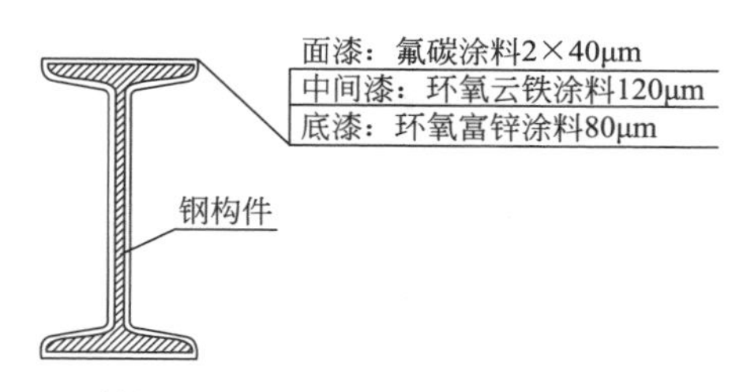

三一树根互联项目构件防腐涂料涂装示意图

三一树根互联项目构件防腐涂料车间涂装施工现场图

施工案例说明

三一树根互联项目油漆技术要求：需涂装油漆的区域均打砂，打砂等级 SIS Sa2.5 级，表面粗糙度 30～75μm，打砂原料为钢丸＋钢丝切丸（比例 8∶2），规格 ϕ1.2～1.5mm。油漆参数如下表：

油漆参数表

涂装顺序	名称	规格或型号	备注
第一道	底漆	环氧富锌涂料 80μm	干膜锌粉含量：≥70% 颜色：中灰色
第二道	中间漆	环氧云铁涂料 120μm	体积固体含量不低于 80% 颜色：中灰色
第三道	面漆	氟碳涂料 2×40μm	氟含量不低于 24%，固含量不低于 65%，*VOC*<300g/L

070108 金属热喷涂

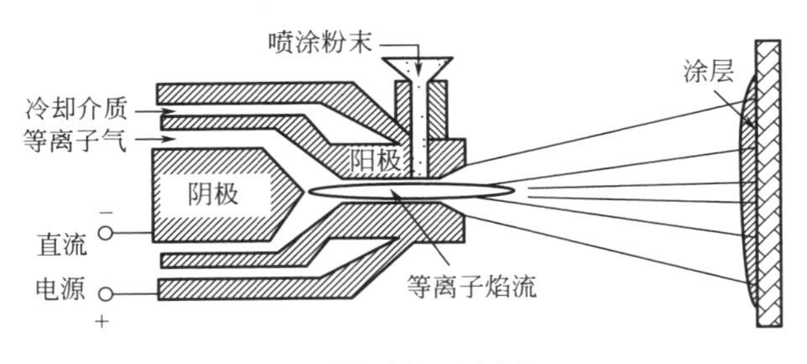

金属热喷涂示意图

金属热喷涂施工现场图

工艺说明

金属热喷涂是利用电弧将热喷涂材料加热到塑态或熔融态，再经压缩空气加速，使热喷涂材料冲击到基体表面形成层状涂层而起到防腐效果的喷涂方式。表面处理后在室内或干燥的环境及时进行连续喷涂，时间间隔不得超过4h。电弧喷铝前，基面实际温度要高于露点温度3℃。在没有防护的情况下，雨天不得施工。施工过程中，应随时检查喷铝涂层的厚度。

070109 热浸镀锌防腐

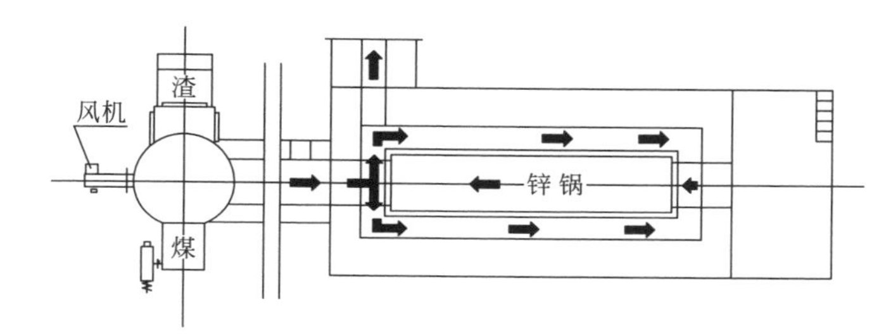

热浸镀锌防腐示意图

热浸镀锌防腐施工现场图

工艺说明

热浸镀锌防腐是将待镀锌工件熔融到金属锌槽中，然后对其进行镀覆，使钢材表面形成纯镀锌层，次表面形成锌合金化镀层，从而起到防腐效果。被镀件表面要求没有残余的氧化物和电焊药皮，不允许有油渍和污物，不允许有开裂和缺损的钢材表面，不允许原材料钢材锈蚀严重而产生大面积明显的“麻点”。根据被镀件锈蚀程度确定酸洗时间。镀锌层的附着性采用锤击试验检查，用 0.2kg 的小锤每间隔 4mm 敲击一下，锌层应不凸起，不脱落。

第二节 • 钢结构防火涂装

070201 防火涂料分类

（1）按火灾防护对象分为：

1）普通钢结构防火涂料：用于普通工业与民用建（构）筑物钢结构表面的防火涂料；

2）特种钢结构防火涂料：用于特殊建（构）筑物（如石油化工设施、变电站等）钢结构表面的防火涂料。

（2）按使用场所分为：

1）室内钢结构防火涂料：用于建筑物室内或隐蔽工程的钢结构表面的防火涂料；

2）室外钢结构防火涂料：用于建筑物室外或露天工程的钢结构表面的防火涂料。

（3）按分散介质分为：

1）水基型钢结构防火涂料：以水作为分散介质的钢结构防火涂料；

2）溶剂型钢结构防火涂料：以有机溶剂作为分散介质的钢结构防火涂料。

（4）按防火机理分为：

1）膨胀型钢结构防火涂料：涂层在高温时膨胀发泡，形成耐火隔热保护层的钢结构防火涂料；

2）非膨胀型钢结构防火涂料：涂层在高温时不膨胀发泡，其自身成为耐火隔热保护层的钢结构防火涂料。

070202 涂装前基层处理

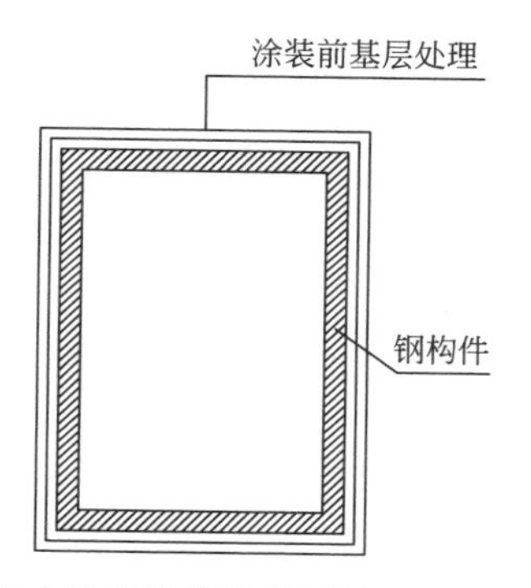

防火涂料涂装前基层处理示意图

防火涂料涂装前基层处理施工现场图

工艺说明

用铲刀、钢丝刷、抹布等清除钢构件表面的浮浆、泥砂、灰尘、水渍及其他黏附物，提高防火涂料同钢材表面的黏附力。

钢构件表面不得有水渍、油污，否则必须用干净的毛巾擦拭干净；同时钢构件表面的返锈必须清除干净。

070203 喷涂法施工

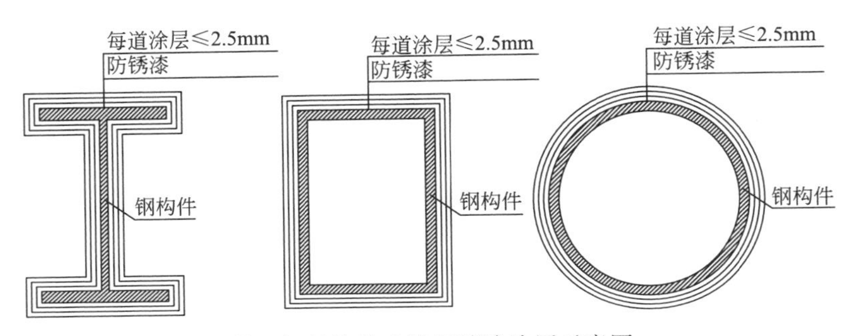

薄型钢结构防火涂料喷涂涂层示意图

防火涂料喷涂法施工现场图

工艺说明

在清除钢结构表面各种灰尘和油污后，均匀喷涂打底层，喷涂时喷枪要垂直于被喷钢件表面，距离以40～60cm为宜，喷涂气压应保持在0.4～0.6MPa，喷枪口径宜为4～6mm。第一层喷涂厚度应小于或等于2mm，在第一遍基本干燥之后或固化（固化时间约6h）后，再喷涂后一遍，第二道喷涂可适当增加涂层厚度，直至达到所需厚度。

070204 抹涂法施工

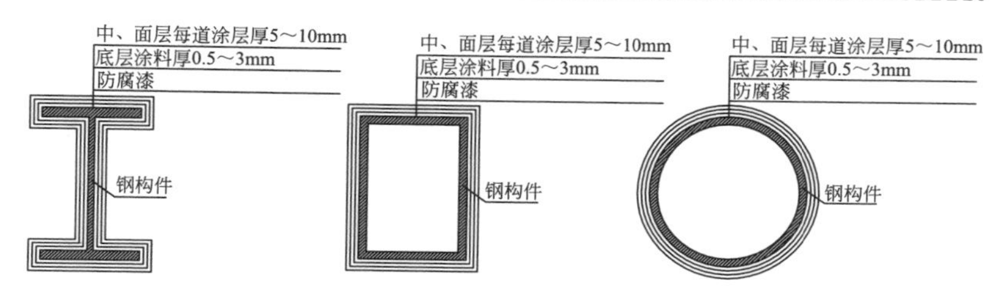

厚型钢结构防火涂料抹涂涂层示意图

防火涂料抹涂法施工现场图

工艺说明

抹涂前先将板刷用水或稀释剂浸湿甩干，然后再蘸料抹涂，板刷用毕应及时用水或溶剂清洗。蘸料后在匀料板上或胶桶边刮去多余的涂料，然后在钢材表面上按顺序刷开，刷子与被抹涂基面的角度为50°～70°，抹涂时动作要迅速，每个抹涂片段不要过宽，以保证相互衔接时边缘尚未干燥，不会显出接头的痕迹。

（1）按设计厚度通常分三层施工：首层厚度要薄，一般≤5mm，待表面晾干7～8h后，再涂抹第二层，第三层抹涂至设计厚度。

（2）抹涂时应注意压实，不得有蜂窝麻面。

（3）在抹涂施工区地面上可铺设铁板，以接收落地涂料并及时回收，重新搅拌后使用。但落地后停留30min以上者，不得再用。

070205 滚涂法施工

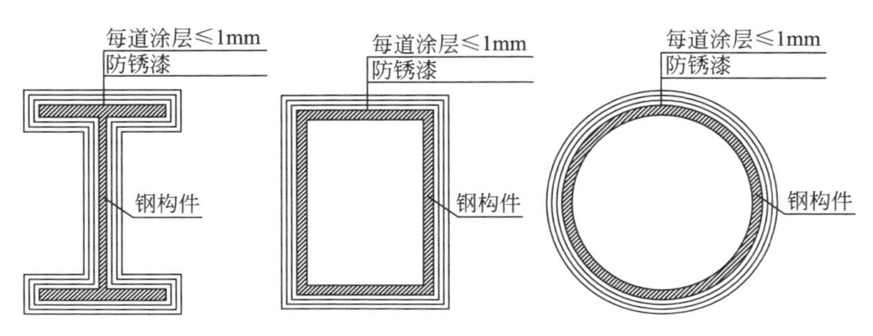

超薄型钢结构防火涂料滚涂涂层示意图

防火涂料滚涂法施工现场图

工艺说明

超薄型防火涂料滚涂施工应分层次进行，刷涂施工每道厚度0.4～0.6mm，一般滚涂3～5道（根据涂料品牌、类型、滚涂厚度不同，需结合实际情况进行调整）；每道涂料的涂刷间隔应在4～8h（根据气温、涂料表干时间不同，结合现场实际情况做相应调整）。施工应在通风良好的环境下进行，并注意避免明火。

070206 涂装应用实例

中科合肥智慧农业协同创新研究院项目涂装现场图

施工案例说明

中科合肥智慧农业协同创新研究院项目钢结构防火要求：耐火等级为二级，钢构件的防火涂料的性能、质量要求应符合国家标准《钢结构防火涂料》GB 14907—2018和行业标准《钢结构防火涂料应用技术规程》T/CECS 24—2020中的相关规定；非膨胀型防火涂料的等效热阻传导系数为0.08W/（m·℃），膨胀型防火涂料保护层的等效热阻传导系数为0.25W/（m·℃）；钢管混凝土柱、钢柱、柱间支撑非膨胀型防火涂料涂层厚度为25mm。

第三节 • 钢结构涂装质量检查

070301 厚度检查

防腐涂料及防火涂料厚度检查施工现场图

工艺说明

每层防火涂料施工后，应及时测量涂层的厚度，确保防火涂料涂层的厚度和质量。采用厚度测量仪、测针和钢尺检查，按同类构件10%抽查，且均不少于3件。当采用厚型防火涂料涂装时，80%及以上涂层面积应满足国家有关标准耐火极限的要求，且最薄处厚度不应低于设计要求的85%，膨胀型（超薄型、薄涂型）防火涂层的厚度允许偏差应为−5%。

070302 外观检查

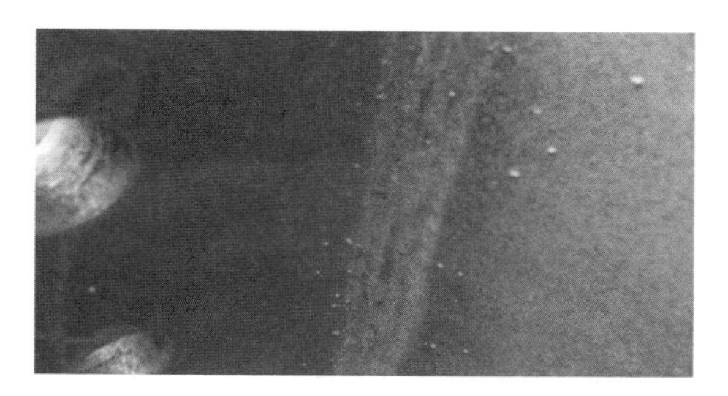

焊缝区域油污、飞溅、锈蚀未清理实物图

焊缝区域油污、飞溅、锈蚀清理完成图

工艺说明

涂装前钢材表面不应有焊渣、焊疤、灰尘、油污、水和毛刺等；涂装后构件表面不应误涂、漏涂，涂层不应脱皮和返锈等，涂层应均匀、无明显皱皮、流坠、针眼和气泡等。

070303 通病预防及整改

通病	图例	防治措施
针眼气泡		(1)确保被涂物表面无污染，及时清理表面油污等。 (2)涂装用设备、输漆管等不能带有导致缩孔产生的物质，尤其是有机硅化合物
流挂		(1)稀释油漆时尽量按混合配比进行，使施工黏度控制在工艺范围内。 (2)下道油漆应在上道油漆干燥后进行涂装。 (3)喷枪压力和口径应满足工艺要求
皱皮		(1)注意油漆配比，合理调漆。 (2)防止在强风处涂装。 (3)加入固化剂的漆应尽快用完。 (4)熟练掌握喷枪使用方法
螺栓孔、摩擦面未保护		(1)加强工艺技术交底，正确有效地对螺栓孔及摩擦面进行保护。 (2)对已喷涂部位可使用清洗剂清洗
防火涂层开裂		(1)应按工艺文件严格控制每道涂层的涂装间隔时间。 (2)夏天高温避免暴晒，注意保养。 (3)出现裂纹后，用工具将裂纹与周边区域涂层铲除后再分层进行补修涂装

第八章　安全防护

第一节 ● 制作厂安全防护

080101 板材堆放

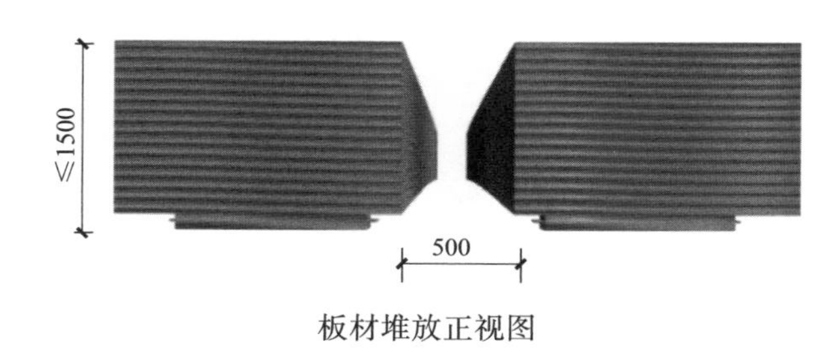

板材堆放正视图

板材堆放侧视图

工艺说明

板材堆放最高点距离地面不超过 1500mm，堆放地面应垫平，将材料放稳，相邻板材垛纵横间距 500mm 左右，材料垛距离材料垫块堆场通道的净距不应小于 500mm。

080102 圆管堆放

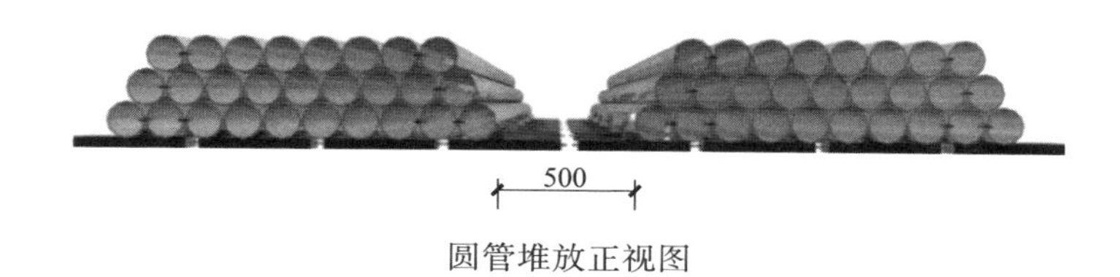

圆管堆放正视图

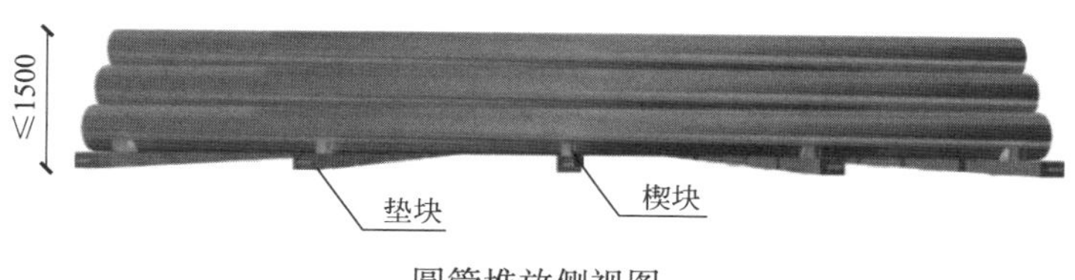

圆管堆放侧视图

工艺说明

圆管堆放最高点距离地面不超过1500mm，圆管垛呈梯形，上窄下宽，两侧建议使用楔块加以固定，防止其滑动，楔块规格根据实际情况确定，每层两边的圆管均需在两头使用可调式夹具与相邻的圆管夹稳，相邻圆管垛最底层纵横间距保持500mm为宜，圆管垛距离堆场净距不应小于500mm。

080103 型材堆放

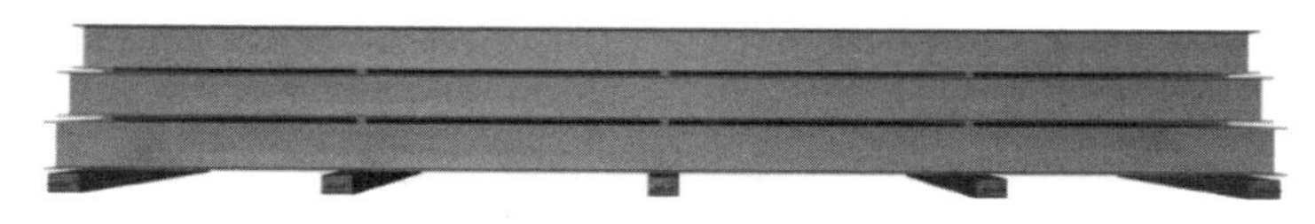

型材堆放正视图

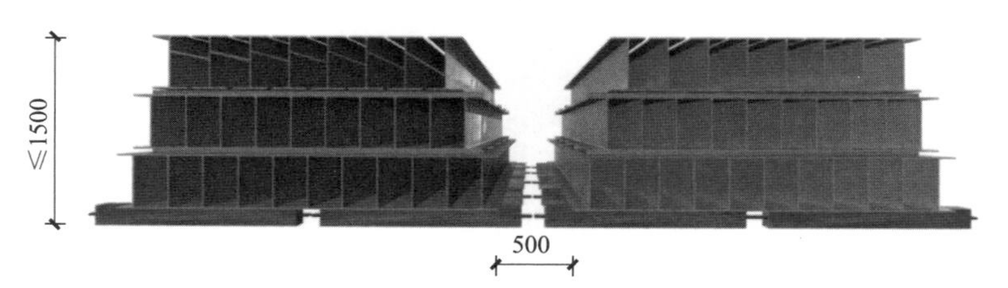

型材堆放侧视图

工艺说明

型材堆放不应超过3层，且堆放垛最高点距离地面不应超过1500mm，堆放超过2层时应采取防倾覆措施，型材堆放每层均需使用垫块垫平、放稳，按“△”或“梯形”堆放，上窄下宽，相邻型材垛底层纵横间距以500mm为宜，型材垛距离堆场通道净距不应小于500mm。

080104 规则构件堆放

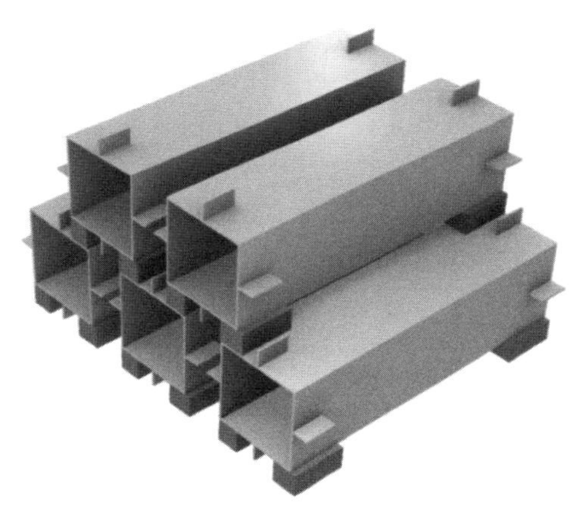

规则构件堆放示意图

工艺说明

规则构件可多层堆放，构件最高点距离地面不超过1500mm，层数不超过3层，堆放超过2层时应采取防倾覆措施，每层构件均需使用木方垫平，按“△”或“梯形”堆放，上窄下宽，异形构件堆放由制造厂制定相应的防滚动、倾覆的方案，并按照方案实施。

080105 高大构件临边防护

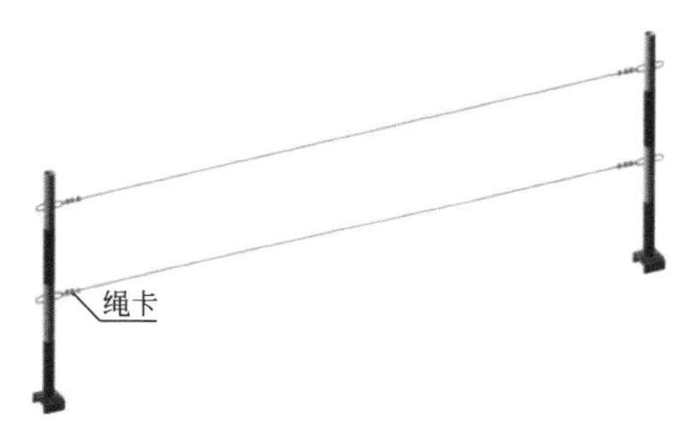

临边防护示意图

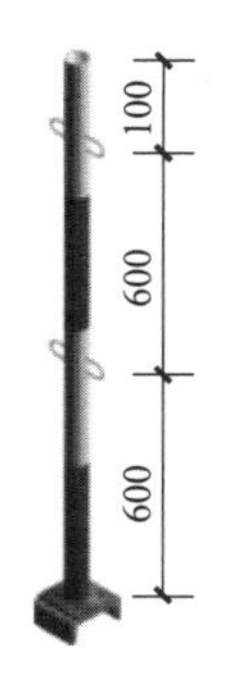

立杆及底座示意图

工艺说明

底座采用C90槽钢与桥箱梁以焊接形式固定，立杆与底座、拉杆采用角焊缝形式固定，钢丝绳与拉杆连接按国家规范用绳卡固定，绳卡应用规格相同的钢丝绳相匹配，绳卡间距以100mm为宜，最后一个绳卡距绳头的长度不应小于140mm，绳卡夹板应在钢丝绳承载时受力的一侧，立杆间距以3000mm为宜，用量根据需要选取。

080106 高大构件登高防护

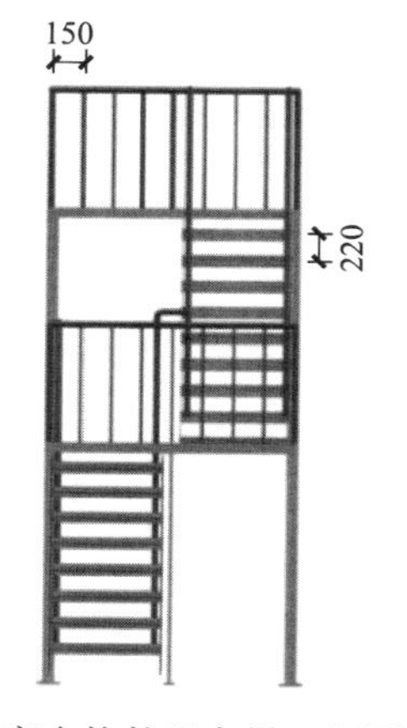

高大构件登高梯正视图

高大构件登高梯示意图

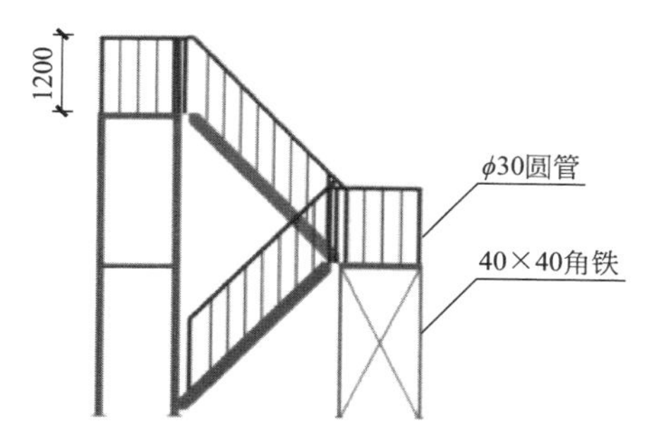

高大构件登高梯侧视图

工艺说明

钢梯踏板采用花纹板，钢梯栏杆采用长度为1200mm、直径30mm、壁厚不低于2.5mm的圆管，扶手应采用直径30～50mm、壁厚不低于2.5mm的圆管。每3000mm高处设置休息平台，平台两侧设置40mm×40mm的角铁支撑。

080107 车间设备基坑防护（平面）

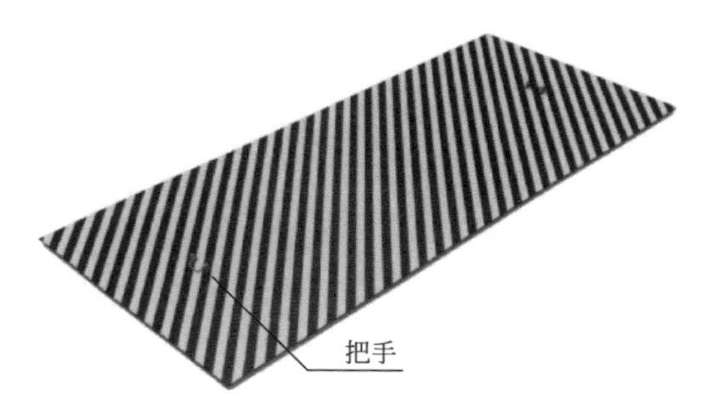

盖板示意图

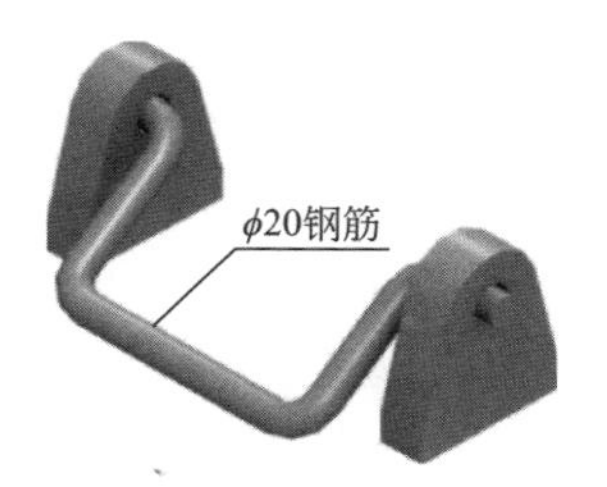

把手示意图

工艺说明

当盖板长度大于2000mm时，宜在盖板背面增设加劲肋，其间距不应大于600mm，盖板表面应刷黄黑警示色，45°角，带宽100mm，盖板表面应设置醒目的安全警示标识，非设备维护、检修人员，不得随意移动盖板。

080108 车间设备基坑防护（立面）

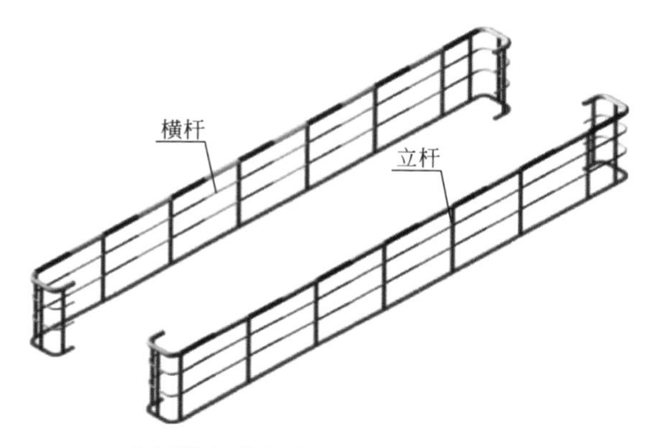

车间设备基坑防护立面栏杆示意图

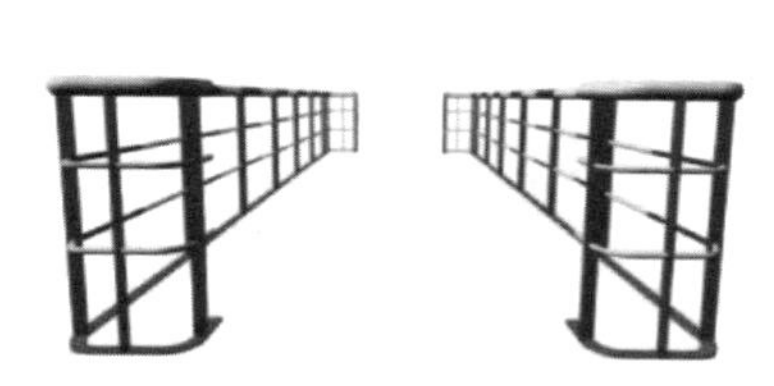

车间设备基坑防护立面栏杆侧视图

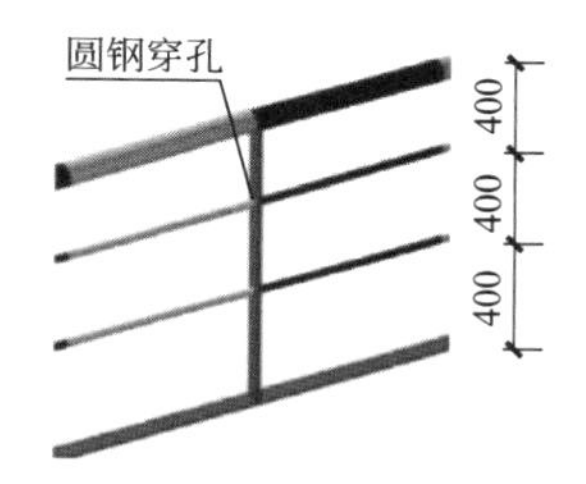

车间设备基坑防护立面栏杆细部图

工艺说明

车间设备基坑防护立面栏杆采用 25mm×50mm 的钢板制作，立杆高度不应低于 1200mm，立杆间距以 2000mm 为宜。顶部横杆采用 ϕ42mm×3mm 的钢管制作，与立杆焊接固定；中部横杆采用 ϕ20mm 的圆钢制作，与立杆穿孔连接，防护栏杆横杆涂黄黑相间警示色，每 300mm 切换颜色。

080109 防弧光挡板

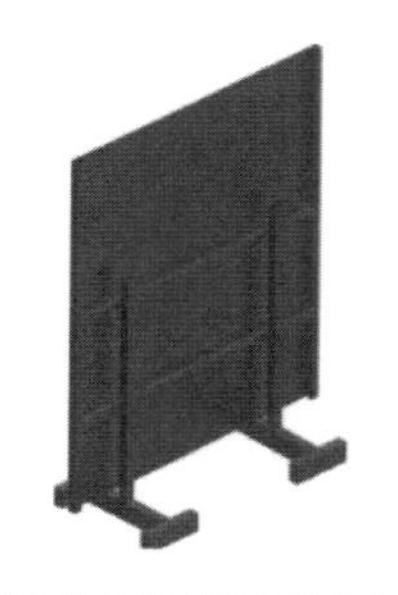

防弧光挡板后侧视图

防弧光挡板正向视图

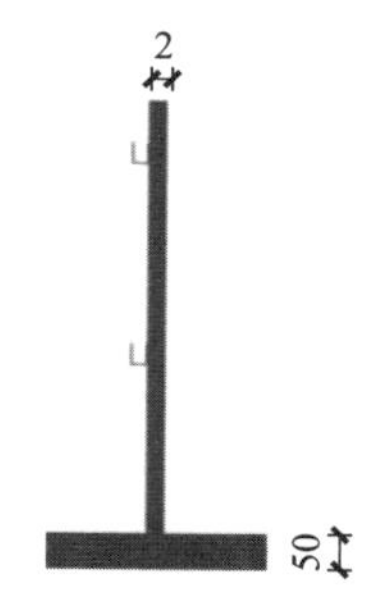

防弧光挡板侧向视图

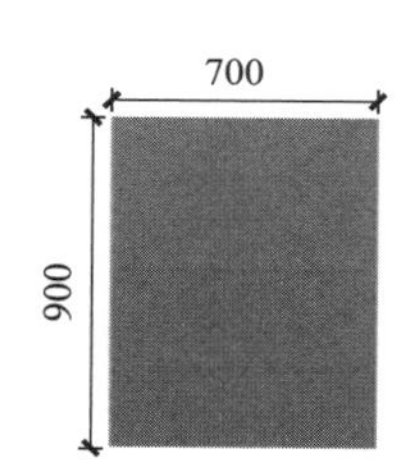

防弧光挡板侧尺寸图

工艺说明

防弧光挡板面板用长900mm、宽700mm、厚1mm的钢板。底座采用横截面50mm×25mm×1mm空心钢管作支撑立杆。面板通过两根横截面为25mm×25mm×1mm的空心钢管挂设在底座立杆上，材料材质均为Q235钢材。

080110 卸扣使用规范

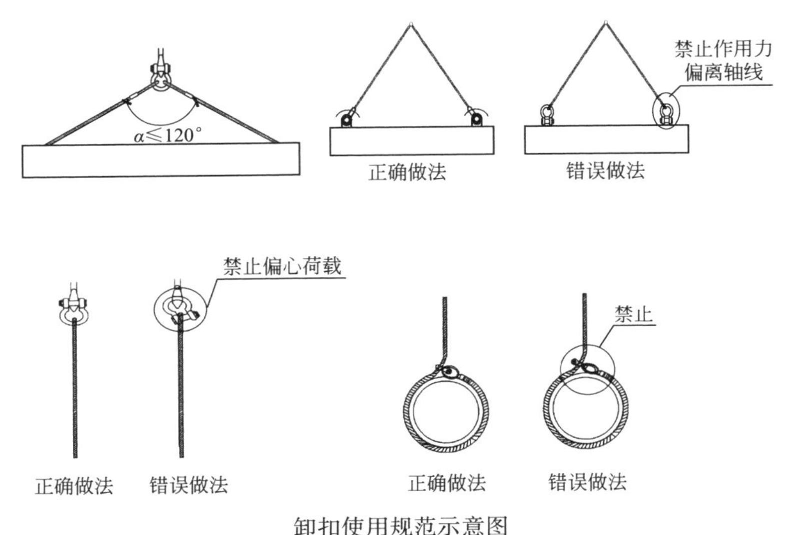

卸扣使用规范示意图

工艺说明

卸扣承载两索具间的最大夹角不得大于120°。作用力作用方面应沿着卸扣中心线的轴线方向，避免弯曲以及不稳定的荷载，避免偏心荷载。卸扣与钢丝绳索具配套作为捆绑索具使用时，卸扣横销部分应与钢丝绳索具进行连接，以免索具提升时，钢丝绳与卸扣摩擦，使横销转动，使得横销与扣体脱离。

080111 堆场通道

堆场通道示意图

工艺说明

材料堆场通道两侧采用黄色警戒线进行标识，警戒线宽度以150mm为宜。黄色警戒线与原材料/构件的最近端之间的净距不应小于500mm；黄色警戒线与轨道槽之间的净距不应小于500mm。

080112 车间通道

车间通道实物图

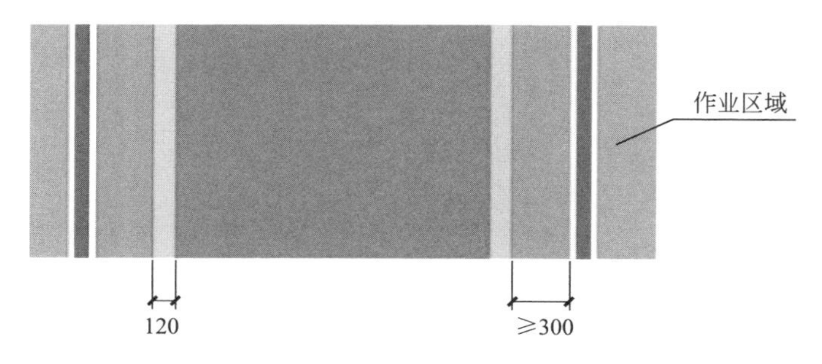

车间通道示意图

工艺说明

车间通道必须随时保持畅通，各类材料、设备、工位器具不能侵占车间通道，车间通道与作业区净距不能小于300mm。车间通道应有醒目标识，“安全出口”等安全标识牌应有夜光效果，高度不得超过500mm。

080113 散件打包

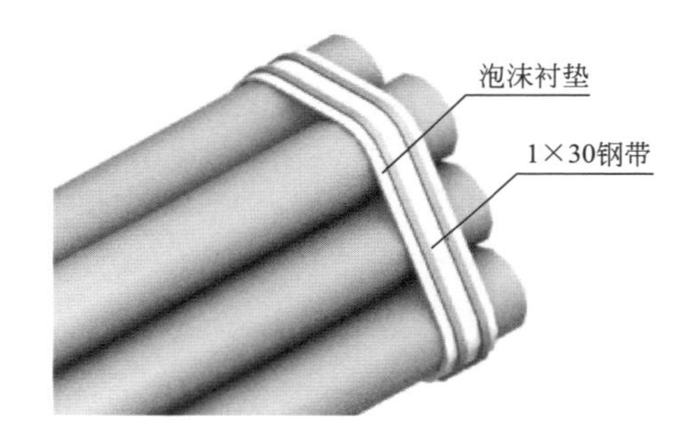

管件捆扎细部图

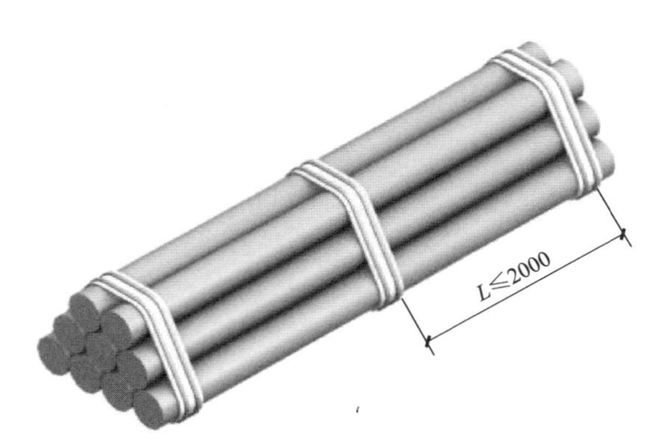

管件捆绑位置示意图

工艺说明

打包时，应在钢带与物件间设置厚度不得小于 10mm 的泡沫衬垫，捆扎后，圆管件不得松动。每批物件应根据长度设置 3 道钢带，相邻绑扎钢带间距 L 不宜超过 2000mm。

080114 装车防护

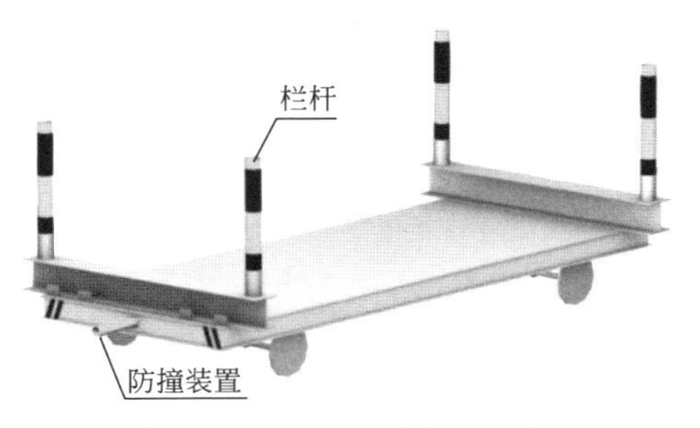

转运电动平板车防护示意图

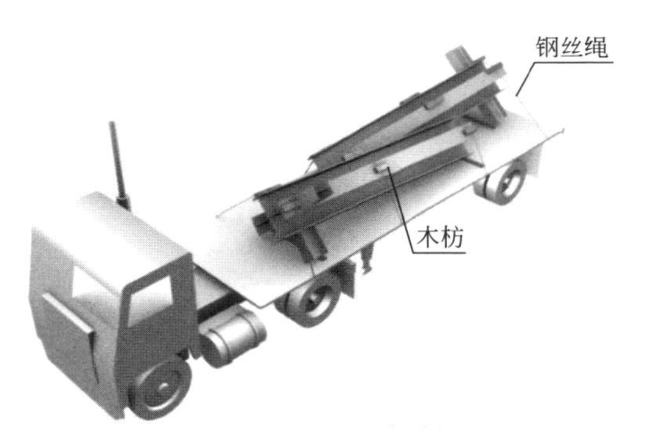

汽车装车防护示意图

工艺说明

转运电动平板车须加设防护栏杆，栏杆高度为 1000mm，涂黄黑相间油漆，黄黑带长度以 300mm 为宜。构件装运以下大上小、下重上轻、下宽上窄、重心稳、构件不变形为原则。

第二节 • 施工现场安全防护

080201 固定式操作平台

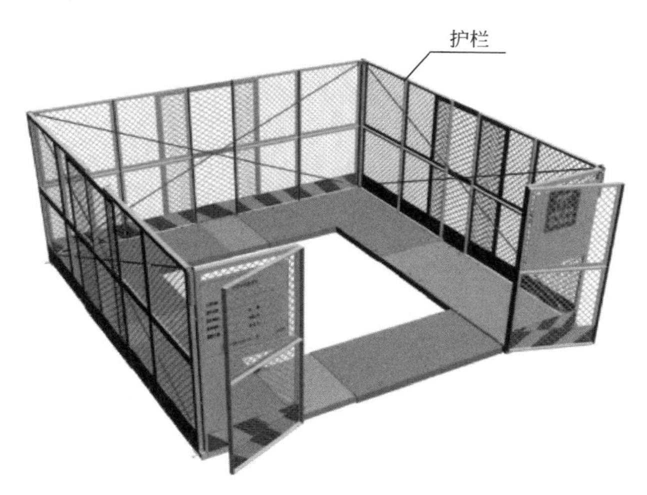

固定式操作平台示意图

工艺说明

本操作平台适用于边长1200～1800mm的矩形柱以及外径1200～1800mm的圆管柱，超过此规格的钢柱安装、焊接操作平台应根据实际情况另行设计。固定式操作平台护栏门宽度不小于600mm，不大于900mm，具体尺寸需结合项目现场实际确定。

080202 移动式操作平台

移动式操作平台示意图

工艺说明

移动式操作平台为高处作业人员提供安全作业环境的措施，适用于地面平整、硬质情况较好的作业环境，如顶面油漆补涂作业环境、防火涂料作业环境。移动式操作平台应编制专项方案并进行荷载计算，严禁超负荷使用。平台须安装安全牢固的防护栏杆和牢固的安全带挂设点；平台高度每2m应设置1处转换平台。

080203 悬挂式操作平台

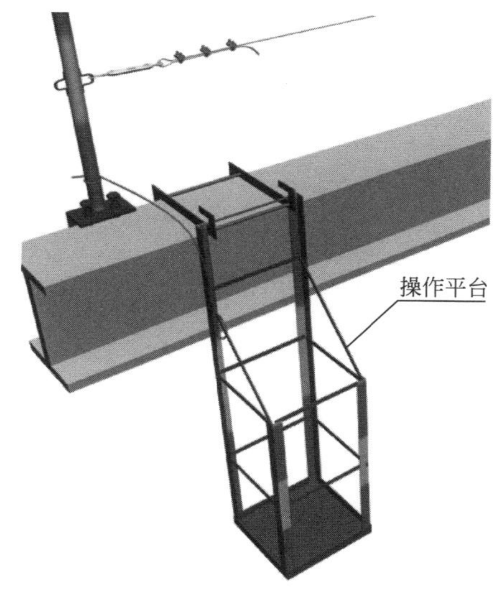

悬挂式操作平台示意图

工艺说明

挂件使用厚度为10mm钢板制作而成，中间用ϕ14mm圆钢连接固定。操作平台使用角钢、扁铁、圆钢等材料制作而成，扁铁与角钢、圆钢与角钢均采用搭接焊接。

080204 下挂式水平安全网

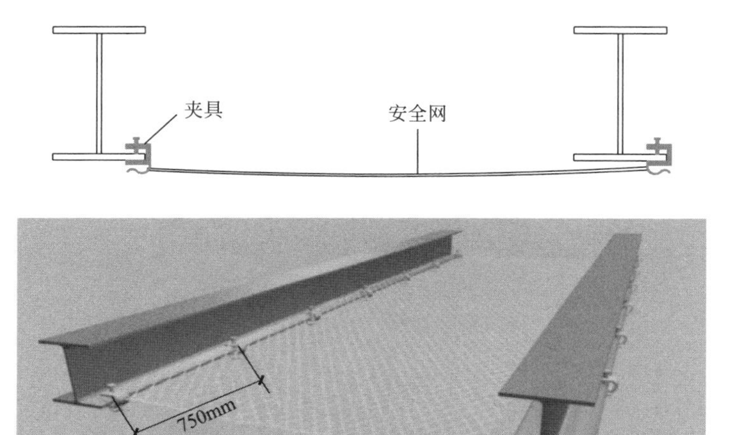

下挂式水平安全网示意图

工艺说明

下挂式水平安全网适用于钢梁腹板小于 800mm 且有压型钢板作业的工程项目。项目经理部应采购符合安全要求的阻燃水平安全网，其网眼不应大于 30mm。夹具在吊装前安装到钢梁下翼板，间距不应大于 750mm，拧紧紧固螺栓，螺栓紧固以常人最大腕力拧不动为准。夹具由主部件与挂钩焊接而成，焊缝长度不小于 15mm。

080205 滑动式水平安全网

滑动式水平安全网挂设效果图

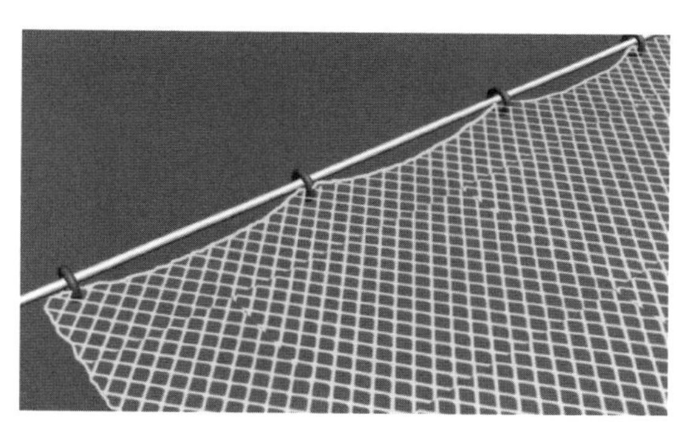

滑动环、水平网连接示意图

工艺说明

滑动环采用 ϕ10mm 圆钢弯曲机弯曲后焊接制成。滑动轨道采用钢丝绳拉设，钢丝绳两端可使用花篮螺栓调节松紧程度。采用锦纶安全网，网眼不应大于 30mm。钢丝绳上滑动环间距不应超过 600mm。

080206 楼层临边外挑网

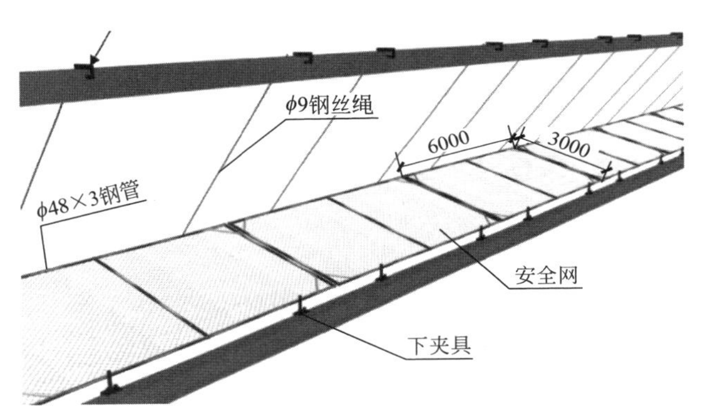

楼层临边外挑网示意图

工艺说明

楼层临边外挑网应设置上下两道，两道外挑网间距不应超过两层层高，垂直高度不应超过10m，作业面最高点与最上面一层外挑网垂直高度不应超过10m。上夹具应能根据钢梁截面不同而调整，其板厚宜为10mm，紧固件建议采用规格为M20mm的紧固螺栓。下夹具钢板厚度宜为14mm，紧固件建议采用规格为M16mm的紧固螺栓，下夹具与钢梁上翼板确保固定牢靠，连接上夹具与外挑网的钢丝绳直径不应小于9mm。

080207 防坠器垂直登高挂梯

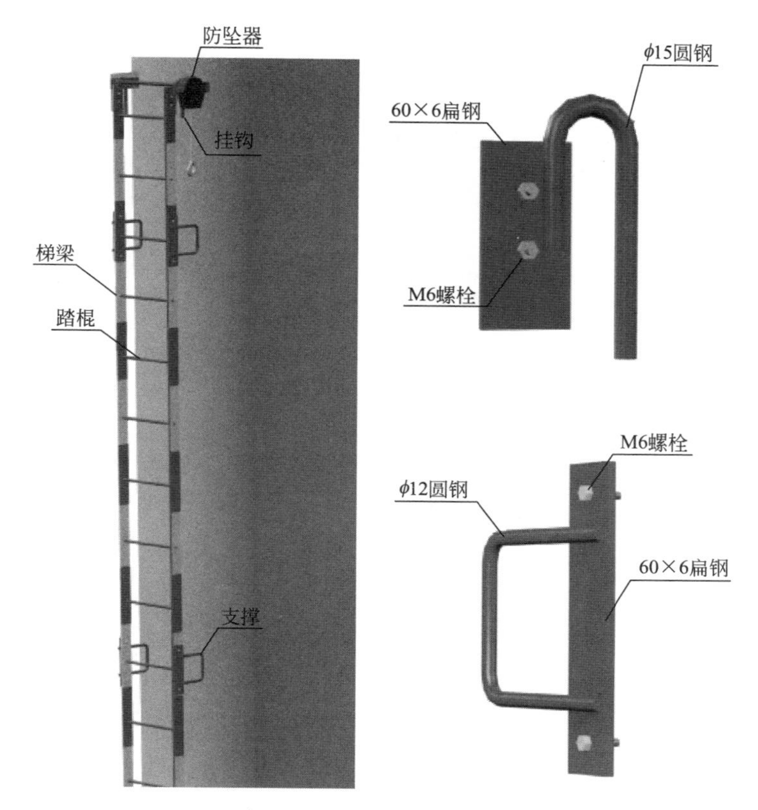

防坠器垂直登高挂梯示意图

工艺说明

单副挂梯长度以3m为宜，挂梯宽度以350mm为宜，踏棍间距以300mm为宜。每副挂梯应设置两道支撑，挂梯与钢柱之间的间距以120mm为宜，挂梯顶部挂件应挂靠在牢固的位置并保持稳固。

080208 护笼式垂直登高挂梯

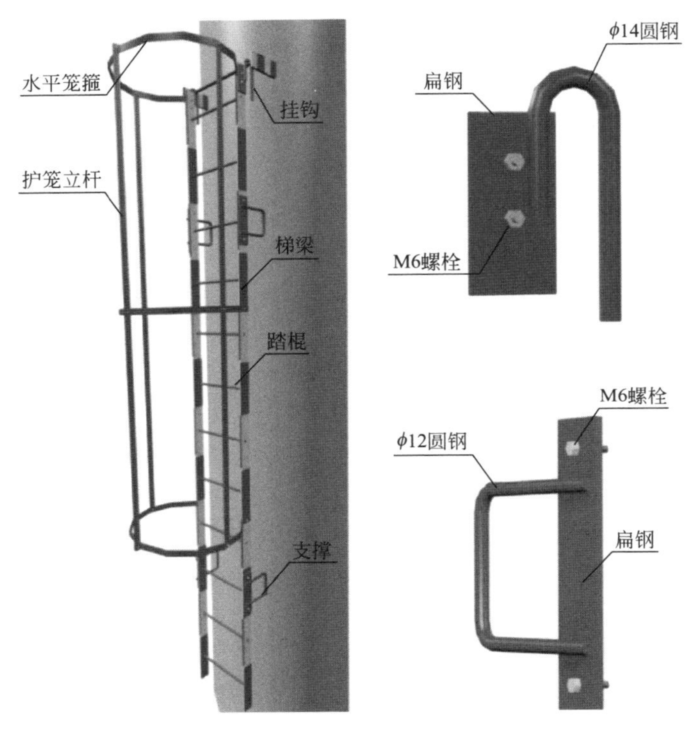

护笼式垂直登高挂梯示意图

工艺说明

单副挂梯长度以 3m 为宜，登高挂梯内侧净宽以 350mm 为宜，踏棍间距以 300mm 为宜。每副挂梯应设置不少于 2 道支撑，挂梯与钢柱之间间距不宜小于 120mm；挂梯顶部挂件应挂靠在牢固的位置并保持稳固。两副挂梯之间通过连接板和 M6 螺栓相连。

080209 笼梯式垂直通道

笼梯式垂直通道示意图

工艺说明

笼梯式垂直通道基础必须夯实硬化，四周采用膨胀螺栓与路面基础固定笼梯式垂直通道节。通道每个标准节大小及构造可根据实际场地和需要设置单跑或双跑楼梯及休息平台，楼梯侧边设置防护栏杆，四周采用型钢及钢板网进行防护，标准节之间通过螺栓连接，每间隔一个标准节设置连墙设施，与基坑可靠连接；在塔式起重机、坠落半径覆盖范围内的笼梯式垂直通道应在顶部搭设安全防护棚。垂直通道节与节之间宜采用 M20 螺栓连接，每个角设置不少于 2 颗螺栓。笼梯式垂直通道总高度不得超过 20m，若超过 20m 需另附计算说明书。

080210 盘扣式脚手架通道

盘扣式脚手架通道实物图

工艺说明

盘扣式脚手架通道的管理应遵守行业标准《建筑施工承插型盘扣式钢管脚手架安全技术标准》JGJ/T 231—2021 和专项方案相关要求。通道基础必须夯实硬化。楼梯休息平台采用挂扣式脚手板铺设，楼梯踏步采用标准挂扣式爬梯。楼梯外侧挂设 2000mm×6000mm 密目安全网或安装不低于 0.5mm 厚冲孔板进行防护。通道应每层设置独立连墙杆，严禁与外架连接。通道高度不能超过 24m，超过 24m 需进行专门设计；高宽比不宜大于 3。

080211 钢斜梯

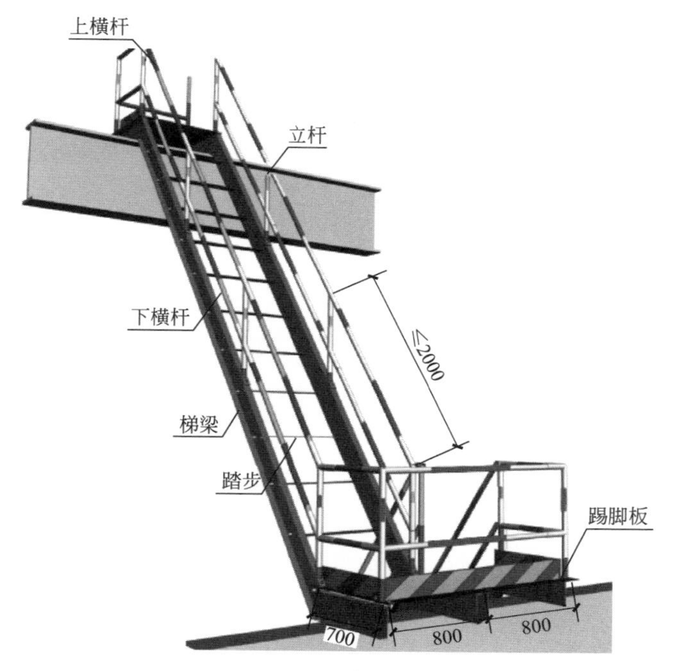

钢斜梯示意图

工艺说明

钢斜梯垂直高度不应大于6m，水平跨度不应大于3m，立杆与梯梁夹角 α 可按 $\tan\alpha = L/H$ 公式求得。踏板采用4mm厚花纹钢板，宽度为120mm，踏板垂直间距为250mm，踏板与连接底板三边角焊接，栓接固定在梯梁上。转换平台采用4mm厚花纹钢板，平台底部侧面设置高度为200mm的1mm厚钢板作为踢脚板。

080212 钢制组装通道

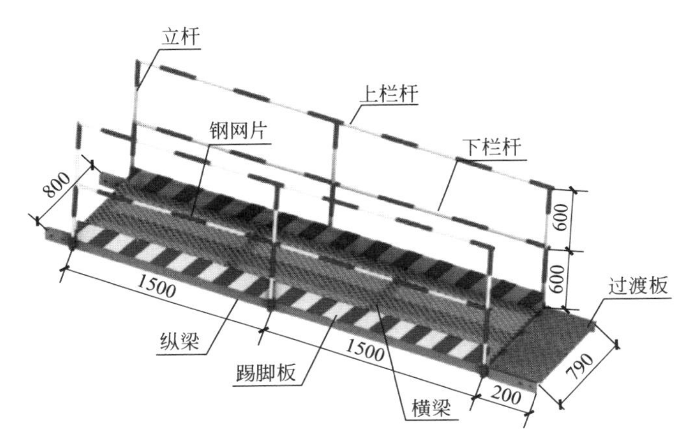

钢制组装通道示意图

工艺说明

钢制组装通道单元长度以3m为宜，宽度以800mm为宜，横向受力横杆间距不宜大于1m，通道长度可根据钢梁间距做小幅调整，但不应超过4m。钢丝网眼直径不应大于50mm，通过焊接与通道横梁连接。通道防护栏杆为ϕ30mm×2.5mm的钢管，防护栏杆立杆间距不应大于2m，扶手、中间栏杆距离通道面垂直距离分别为1200mm及600mm，防护栏杆底部设置高度不低于180mm的踢脚板。

080213 抱箍式双通道安全绳（圆管柱）

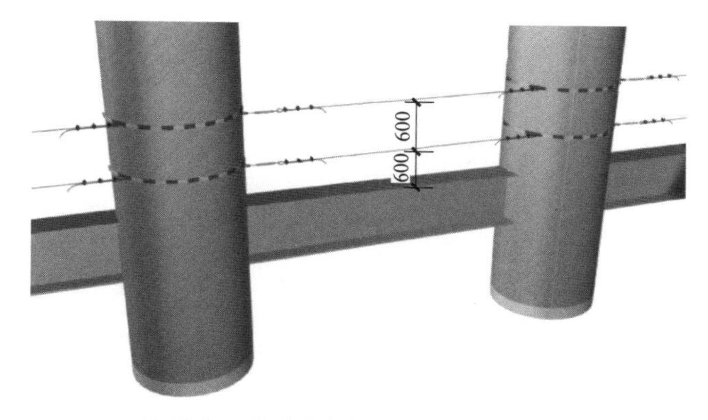

抱箍式双通道安全绳（圆管柱）示意图

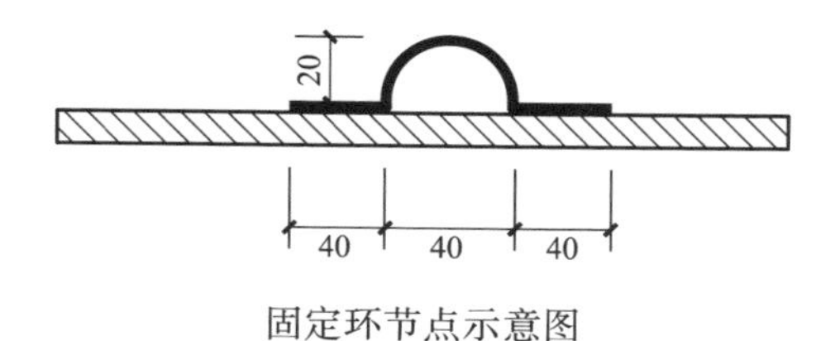

固定环节点示意图

工艺说明

抱箍采用 PL30mm×6mm 扁钢制作，其尺寸根据钢柱直径而定，制作完成后，喷涂红白相间防腐油漆。安全绳采用 ϕ9mm 镀锌钢丝绳，钢丝绳不允许断开后搭接或套接重新使用。上下两道钢丝绳距离梁面分别为 1200mm、600mm。端部钢丝绳使用绳卡进行固定，绳卡压板应在钢丝绳长头的一端，绳卡数量应不少于 3 个，绳卡间距为 100mm，钢丝绳固定后弧垂应为 10～30mm。

080214 抱箍式双通道安全绳（矩形柱）

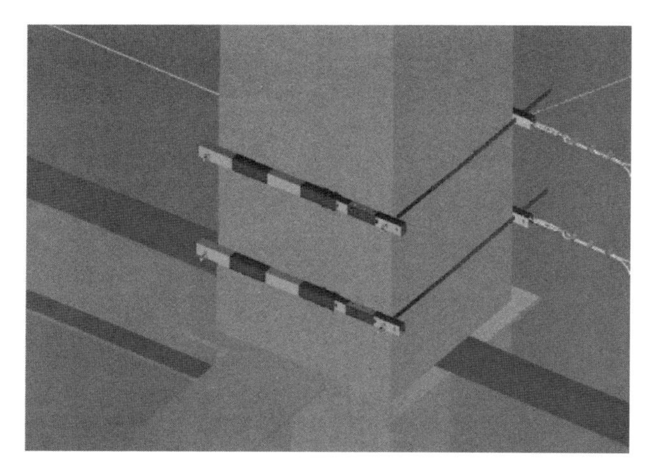

抱箍式双通道安全绳（矩形柱）示意图

工艺说明

方钢管由35mm方钢和30mm方钢通过螺栓套接组成，在方钢长轴中线上每隔50mm设置一组M12mm螺栓孔，可调节方钢连接位置以满足矩形柱截面尺寸要求。安全绳的型号选择及连接方式参照抱箍式双通道安全绳（圆管柱）相关要求。

080215 立杆式双通道安全绳

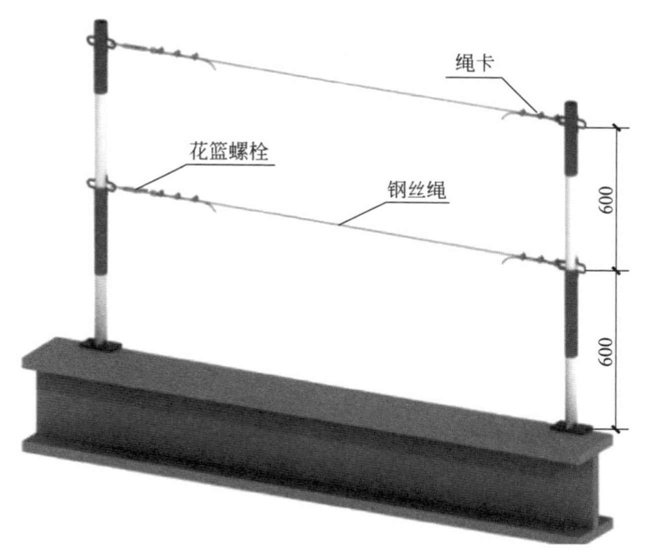

立杆式双通道安全绳示意图

工艺说明

立杆与底座之间除焊接固定外，还应采取相应加固措施。立杆间距最大跨度 L 不应大于 8m。钢丝绳直径不应小于 9mm，上、下两道钢丝绳距离梁面分别为 1200mm 及 600mm。钢丝绳两端分别用 D＝9mm 的绳卡固定，绳卡数量不得少于 3 个，绳卡间距保持在 100mm 为宜，最后一个绳卡距绳头的长度不得小于 140mm。

080216 堆场区域防护

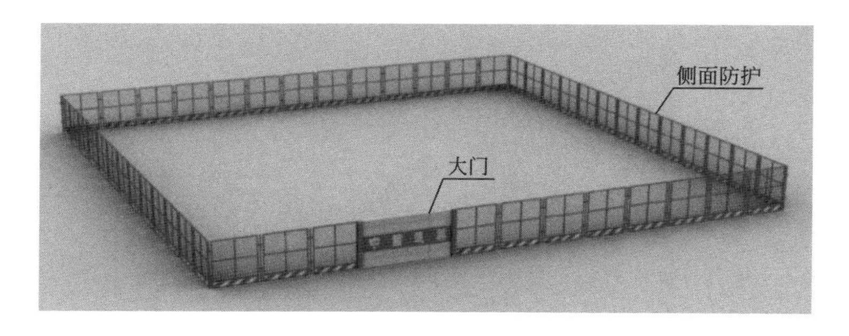

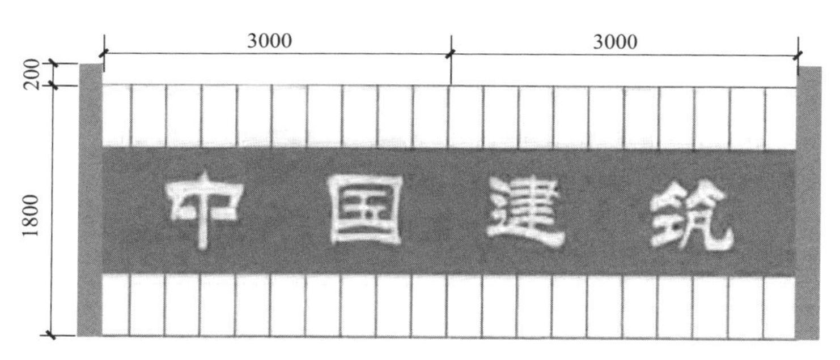

堆场区域防护示意图

工艺说明

堆场区域地面应进行硬化处理，确保平整、坚实，并根据其承受能力合理进行构件堆放。堆场区域应具有较好的排水条件，不应出现雨水洼积。单片防护围栏高 1.8m，宽 1.5m，利用钢丝网片进行封闭。堆场区域应设置告示牌及警示标识。

080217 构件堆放（腹板高度 $H\leqslant$500mm）

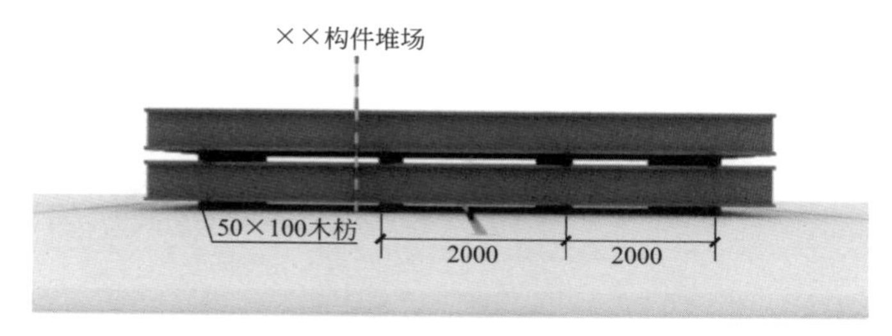

构件堆放正面示意图

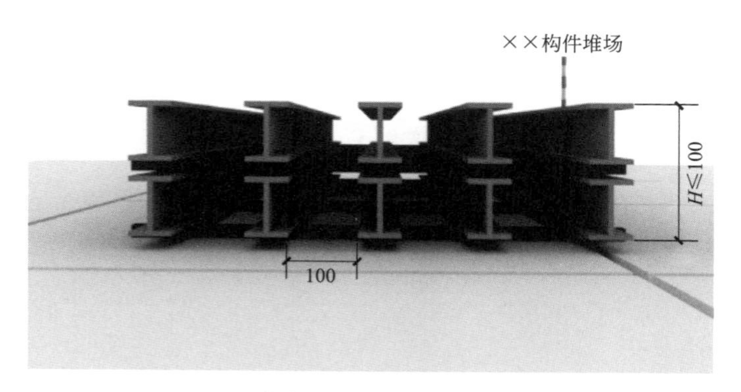

构件堆放侧面示意图

工艺说明

同一类型的构件堆放时，应做到“一头齐”。不同构件垛之间的净距不应小于1.5m。构件与地面及构件层之间应设置垫木便于吊运绑钩。腹板高度 $H\leqslant$500mm 的构件堆放不应超过2层，腹板高度 $H>$500mm 的构件严禁叠放并应采取相应防倾覆措施。构件堆场区域，应分别设置材料标识牌及警示标识牌，非相关专业施工人员禁止入内。

080218 构件堆放（腹板高度 $H>1000$mm）

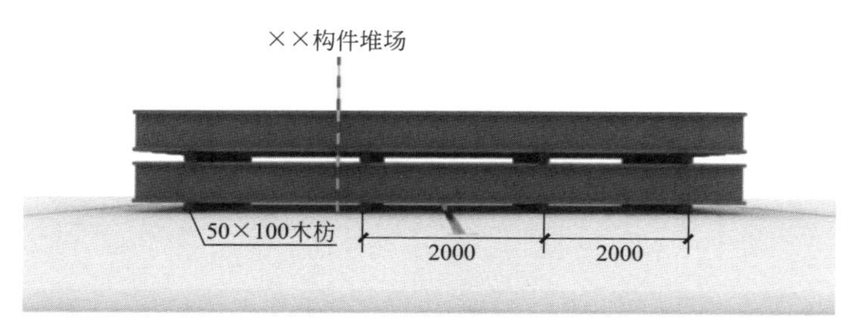

构件堆放正面支撑示意图

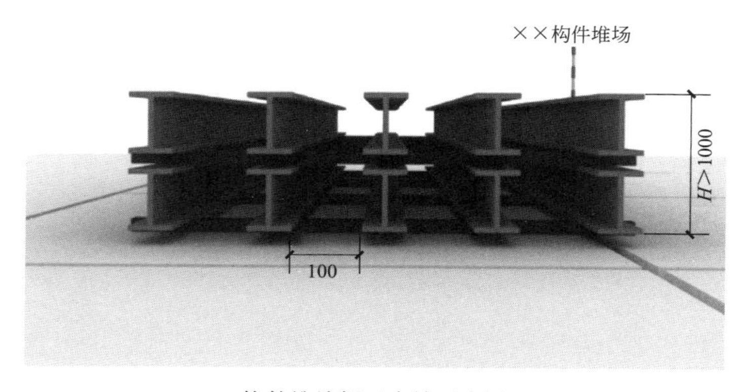

构件堆放侧面支撑示意图

工艺说明

同一类型的构件堆放时，应做到"一头齐"。不同构件垛之间的净距不应小于1.5m。腹板高度 $H>1000$mm 构件堆放，必须采取支撑措施。腹板高度 $H>2000$mm 的构件绑钩时，应设置登高设施供绑钩人员上下，严禁直接翻爬构件。构件堆场区域，应分别设置材料标识牌及警示标识牌，非相关专业施工人员禁止入内。

080219 措施胎架堆放

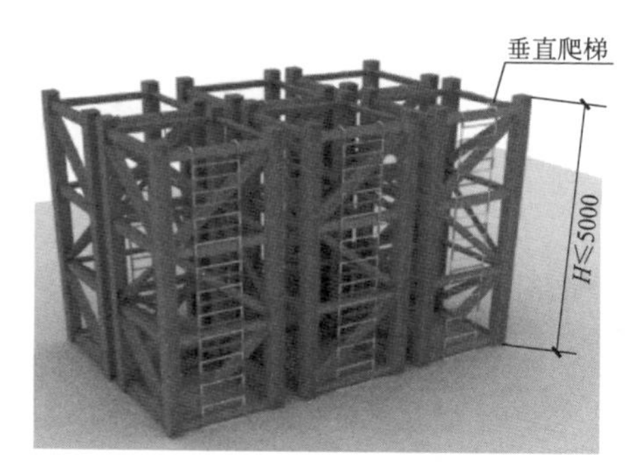

钢梁正面支撑示意图

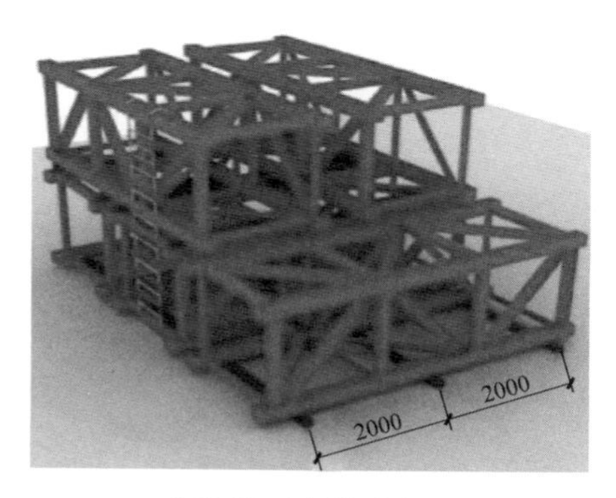

钢梁侧面支撑示意图

工艺说明

立（卧）放时，应采用钢索将胎架标准节顶部进行固定，防止倾覆。卧放时，两层标准节以及标准节与地面之间应设置木枋，卧放不应超过两层，总高度不应大于5m。胎架吊运取钩及绑钩前应设置好垂直爬梯以供人员上下，攀登高度大于2m时，应采取相应的防坠措施。胎架堆放边缘距离防护栏杆净距不应小于2m。堆放胎架边缘与防护栏杆之间的净距不得小于2m。堆放区域应设置非相关施工人员禁止进入的警示牌。

080220 围料平台

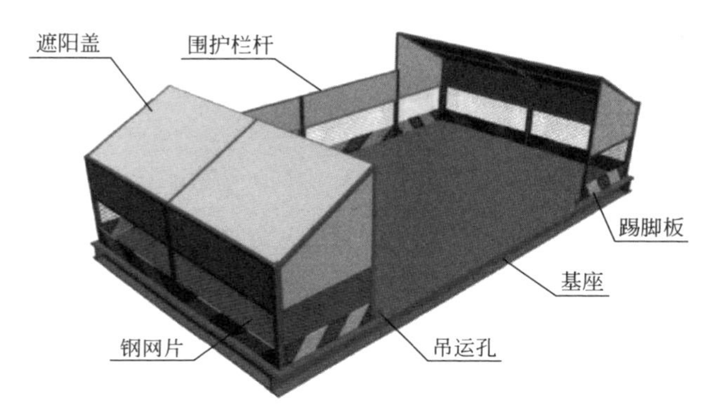

围料平台示意图

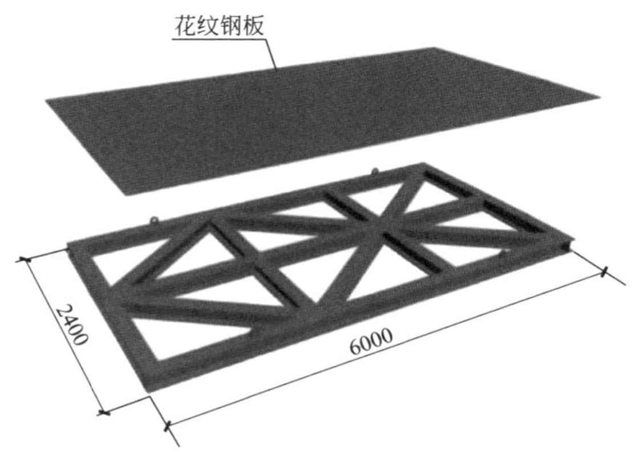

基座示意图

工艺说明

围料平台主要用于临时存放气瓶、零星材料以及小型机具。气瓶存放数量不得多于20瓶，气瓶存放应采取防倾倒措施，丙烷/乙炔气瓶与氧气瓶保持5m安全距离。围料平台严禁超负荷存放。设计尺寸根据现场实际需求确定。

080221 配电箱

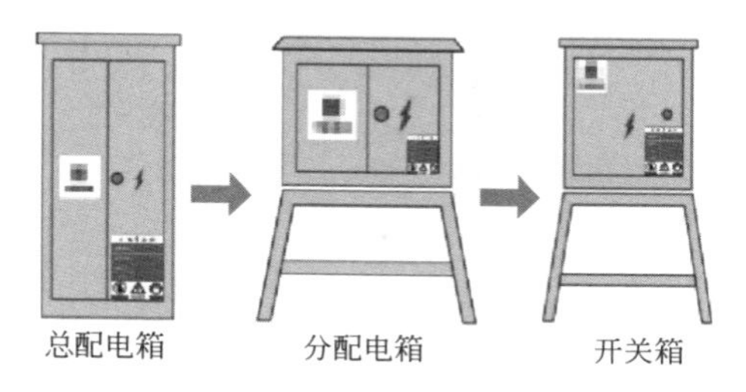

配电箱总分关系示意图

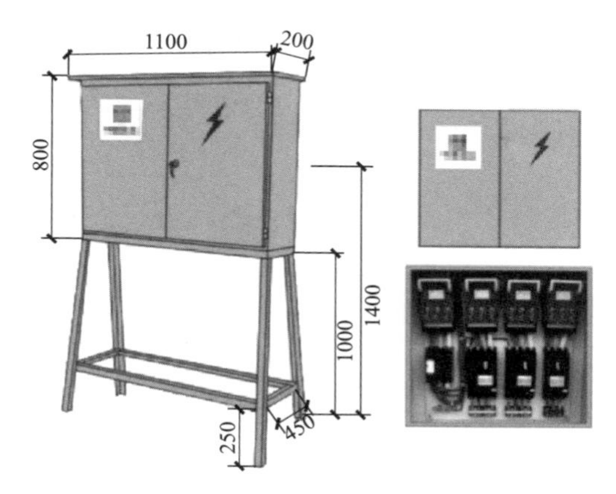

分配电箱示意图

工艺说明

配电箱外观统一采用橙黄色，材质选用铁皮，二级箱根据设备数量、负荷大小等因素配备。分配电箱应设在用电设备或负荷相对集中的区域，分配电箱与开关箱的距离不得超过 30m。固定式分配电箱中心点与地面的垂直距离应为 4m，配电箱支架应采用L 40mm×4mm 角钢焊制。分配电箱应装设总隔离开关、分路隔离开关、总断路器、分路断路器、总熔断器、分路熔断器，电源进线端严禁采用插头和插座活动连接。

080222 开关箱与用电设备

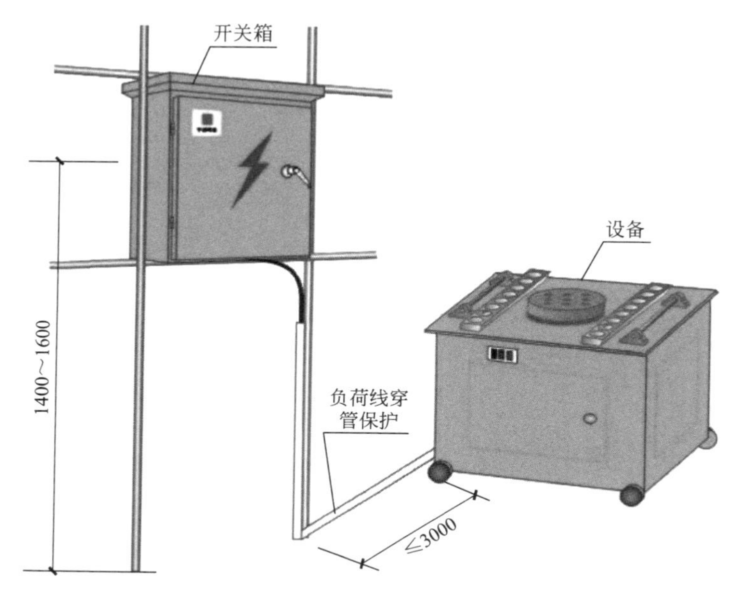

开关箱及用电设备示意图

工艺说明

每台设备必须有各自专用的开关箱，严禁用同一开关箱控制2台或2台以上用电设备，设备开关箱与其控制的固定用电设备的水平距离不宜超过3m。固定式开关箱箱体中心距地面垂直距离应为1.4～1.6m；移动式开关箱应装设在坚固、稳定的支架上，其中心点与地面垂直距离宜为0.8～1.6m。连接固定设备的电缆宜埋地，且从地下0.2m至地面以上1.5m处必须加设防护套管，防护套管内径不应小于电缆外径的1.5倍。在施工现场专用变压器的供电的TN-S接零保护系统中，电气设备的金属外壳必须与保护零线连接。

080223 重复接地与防雷

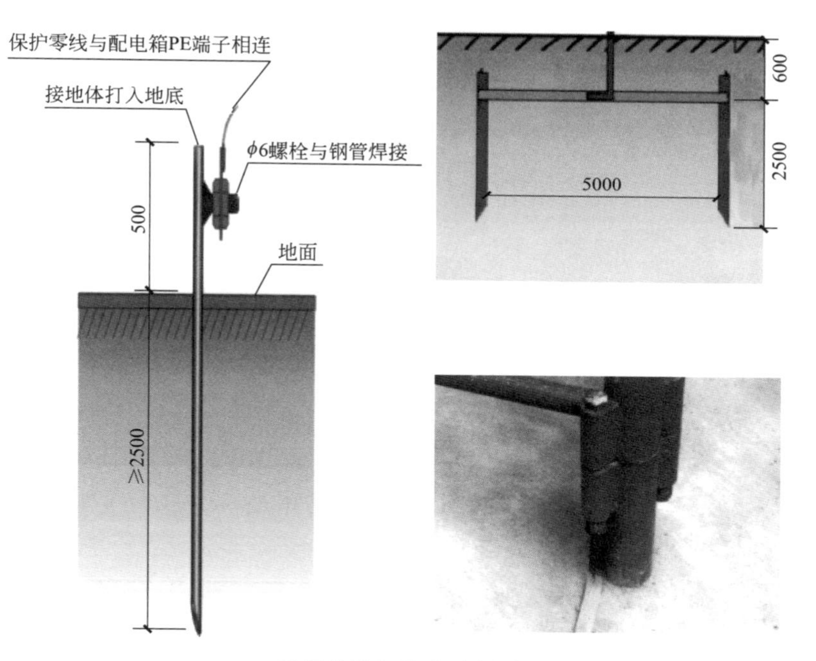

重复接地与防雷示意图

工艺说明

接地装置的接地线应采用 2 根及以上导体，在不同点与接地体电气连接。垂直接地体宜采用 2.5m 长角钢、钢管或光面圆钢，不得采用螺纹钢；垂直接地体的间距一般不小于 5m，接地体顶面埋深不应小于 0.5m。接地线与接地端子的连接处宜采用铜片压接，不能直接缠绕。